内蒙古历史建筑 丛书

民族传统建筑

王卓男　　主编

中国建筑工业出版社
CHINA ARCHITECTURE & BUILDING PRESS

图书在版编目（CIP）数据

民族传统建筑 / 王卓男主编. — 北京 : 中国建筑工业出版社，2020.7
（内蒙古历史建筑丛书）
ISBN 978-7-112-25251-0

Ⅰ. ①民… Ⅱ. ①王… Ⅲ. ①蒙古族—民族建筑—建筑艺术—内蒙古—画册 Ⅳ. ①TU-882

中国版本图书馆CIP数据核字(2020)第099600号

《民族传统建筑》，选录了内蒙古地区现存早期和近现代的古建筑五十余处。这些古建筑各具民族特色、地域风貌。其中有不同历史时期的各种民居，以及王府、衙署、寺庙、古塔、教堂、商肆、会馆、戏台等建筑。这些古建筑具有代表性和典型意义，是内蒙古地区不可多得的历史建筑。内蒙古现存众多不同历史时期的古建筑，不仅让人们看到了内蒙古地区传统建筑中的历史和人文价值，也展示了我们中华民族的智慧，伟大祖国多元多彩的建筑文化。

责任编辑：唐 旭
文字编辑：陈 畅
责任校对：王 烨

内蒙古历史建筑丛书
民族传统建筑
王卓男 主编
*
中国建筑工业出版社出版、发行（北京海淀三里河路9号）
各地新华书店、建筑书店经销
内蒙古启原文物古建筑修缮工程有限责任公司制版
北京富诚彩色印刷有限公司印刷
*
开本：880毫米×1230毫米 1/16 印张：13½ 字数：346 千字
2021年5月第一版 2021年5月第一次印刷
定价：139.00 元
ISBN 978-7-112-25251-0
（36026）

编委会

序

《内蒙古历史建筑丛书》是内蒙古自治区建设、文物、考古部门的有关专家协作编写的一套内蒙古历史建筑类丛书。本书较全面地介绍了全自治区各地现存的古遗址、古墓葬、古建筑、重大历史建筑、少数民族建筑、近现代历史建筑。

《革命遗址建筑》，收录了内蒙古地区现存具有代表性的革命建筑近百处。这些建筑中，有革命先辈的故居、革命活动的旧址、烈士陵园、纪念馆、纪念碑以及反映历史上不同时期重大事件的建筑等。

革命遗址建筑是革命历史的载体，记载和见证了内蒙古各族人民近百年来维护国家主权，抵御外侮，在中国共产党的领导下争取民族解放的长期卓绝的斗争历史。这些建筑都是我们牢记历史，缅怀先烈，进行爱国主义、革命传统教育的宝贵资源。

《草原文明建筑》，以较大篇幅收录、记载了在内蒙古大地上，从人类原始社会石器时期最古老的“洞穴”、“半地穴”遗址，到青铜时代草原先民建立的居住遗址，以及数千年前的商周城址、秦汉长城和唐宋、辽金、西夏、元明时期到近代的村落、驿站、窑址、墓葬、石窟等建筑遗存。

大量的古遗址、古建筑以及遗存的各种生活用具和墓葬绘画等，不仅记录了不同时期草原先民狩猎、游牧、农耕的生活场景，也见证了草原历史上曾有过的建筑文明。

《民族传统建筑》，选录了内蒙古地区现存早期和近现代的古建筑五十余处。这些古建筑各具民族特色和地域风貌。其中有不同历史时期的各种民居，以及王府、衙署、寺庙、古塔、教堂、商肆、会馆、戏台等建筑。这些古建筑具有代表性和典型意义，是内蒙古地区不可多得的历史建筑。

内蒙古现存众多不同历史时期的古建筑，不仅让人们看到了内蒙古地区传统建筑中的历史和人文价值，也展示了我们中华民族的智慧和伟大祖国多元多彩的建筑文化。

《近现代工业建筑》，选录内蒙古地区具有代表性的工业建筑五十余处。其中包括了内蒙古地区自近现代以来的冶炼、钢铁、机械、电力、煤化、轻工、能源、化工以及纺织、制药、肉联、糖业、食品加工等建筑的遗址和遗存。

通过对内蒙古地区现存部分重要工业建筑的介绍，可以了解自近现代以来，内蒙古的工业建设从无到有，逐渐发展的历史。尤其是新中国成立后，在中国共产党的正确领导下，内蒙古地区的工业建设得到飞速发展的光辉历程。

《名城名镇名村历史街区建筑》，着重介绍了呼和浩特市国家历史文化名城和内蒙古地区具有代表性的历史文化名镇、名村、历史文化街区及传统村落数十处。其中一些历史悠久的名镇、名村、传统村落都是多民族杂居的。其民居类型多样，有撮罗子、木刻楞、蒙古包、窑洞房、土砖房等。这些建筑都是人类信念与智慧的结晶。

内蒙古地区现存的历史名镇、名村、传统村落，其居住环境、街区布局都各有特色，不仅保存了历史上不同时期的街区景观、建筑风格和建筑艺术，还保留了当地民众千百年来形成的传统民俗以及传承至今的节庆活动。这些城镇和村落不仅展示了历史的厚度，也传承了文脉，留住了乡情。

本套丛书在系统调查和科学研究的基础上，论述了内蒙古地区历史建筑形成的源流和其演变、传承的发展史，并较为详细地介绍了各个不同历史阶段的各种建筑和建筑艺术以及历史建筑的时代背景、民族文化的传承等相关知识，是一套较全面反映内蒙古自治区历史建筑的丛书。

冯任飞

2020年元月

目录

序

第一篇　纪念建筑及王府……11

一、兴安盟成吉思汗庙……12

二、赤峰喀喇沁亲王府……14

三、通辽科右后旗博克达活佛府邸……18

四、通辽奈曼王府……22

五、锡林郭勒苏尼特右旗王府……26

六、阿拉善额济纳旗王府……30

第二篇　衙署建筑……33

一、呼和浩特绥远城将军衙署……34

二、呼和浩特土默特旗务衙署……38

三、呼和浩特佐领衙署……42

第三篇　藏传佛教建筑……45

一、呼和浩特大召寺……46

二、呼和浩特席力图召……50

三、呼和浩特五塔寺（慈灯寺）……56

四、包头美岱召……60

五、包头梅力更召……64

六、包头昆都仑召……68

七、包头五当召……72

八、包头普会寺……77

九、赤峰真寂之寺石窟……80

十、通辽吉祥天女神庙……82

十一、锡林郭勒东乌珠穆沁旗新庙……85

十二、锡林郭勒杨都庙……88

第四篇　汉传佛教建筑......91
一、呼和浩特万部华严经塔......92
二、赤峰宁城大明塔......98
三、乌兰察布丰镇金龙大王庙......102
第五篇　道教建筑......105
一、呼和浩特关帝庙......106
二、呼和浩特鲁班庙......108
三、呼和浩特费公祠......110
四、包头南龙王庙......112
五、包头小场圐圙关帝庙......114
六、包头吕祖庙......117
七、锡林郭勒多伦碧霞宫......120
第六篇　伊斯兰教建筑......123
一、呼和浩特清真大寺......124
二、赤峰清真北大寺......128
三、乌兰察布隆盛庄清真寺......130
四、阿拉善黑水城清真寺......133
第七篇　天主教建筑......135
一、呼和浩特天主教堂......136
二、赤峰林西大营子天主教堂......139
三、乌兰察布集宁玫瑰营教堂......142
第八篇　商肆建筑......145
一、呼和浩特元盛德......146
二、呼和浩特总号（大盛魁）......148
三、呼和浩特德泰玉药店......150

四、呼和浩特惠丰轩........................152
五、呼和浩特凤麟阁........................156
六、锡林郭勒山西会馆........................160
第九篇　民居建筑........................165
一、呼和浩特清水河北堡窑洞........................166
二、呼和浩特杨家大院........................168
三、呼和浩特曹家大院........................170
四、呼伦贝尔蒙古包........................172
五、呼伦贝尔博克图镇达斡尔族民居........................176
六、呼伦贝尔鄂伦春民居........................178
七、呼伦贝尔奇乾村木刻楞........................180
八、扎兰屯铁路职工宿舍........................184
九、乌兰察布隆盛庄段家大院........................186
十、阿拉善定远营民居........................188
第十篇　戏台........................191
一、呼和浩特白塔村戏台........................192
二、乌兰察布清水河明清古戏台........................194
第十一篇　其他........................197
一、呼和浩特清水河县黑矾沟窑址........................198
二、呼和浩特芸香书院........................202
三、中东铁路扎兰屯避暑旅馆旧址........................206
附录：塞外商埠——归化城........................210
后记........................216

第一篇

纪念建筑及王府

一、兴安盟成吉思汗庙

建筑简介

成吉思汗庙建造地点——王爷庙（今乌兰浩特），始建于1940年，建成于1944年，至今已有70多年历史，较成吉思汗陵早建成12年，以纪念一代天骄成吉思汗而闻名于世，自清代康熙年间至今始终存在对成吉思汗的祭祀活动，是蒙古民族为了纪念成吉思汗而修建的庙宇。

成吉思汗庙是蒙古族人民纪念成吉思汗的神圣场所，成吉思汗传统大型祭祀于每年农历六月二十三日在成吉思汗庙举行。

成吉思汗庙的设计与建造，采用当时先进的砖混凝土框架结构，开创了这一地区庙殿建筑的一个新思路，在这一地区乃至内蒙古地区，开创了新型建筑结构运用在庙殿建筑领域的先河。这在当时，即使是在内地，也是为数不多的。它的结构做法虽不如现今框架结构那样完善和规范，但它代表了当时这一地区最高的建筑水平。

西有成陵，东有成庙，东西呼应，构成了大草原上人们缅怀一代天骄——成吉思汗的绝佳历史资源，堪称世界独有。

成吉思汗庙不仅是蒙古族建筑艺术的瑰宝，而且是全国唯一一座融蒙古族、汉族、藏族三个民族建筑风格为一体的纪念成吉思汗的庙宇，具有不可比拟的内在价值。

成吉思汗庙南立面

建筑特征

成吉思汗庙由蒙古族大艺术家耐勒尔先生参与设计，采用中国古代传统建筑中惯用的中轴对称布局手法，坐北朝南，建筑主体圆顶方身，绿帽白墙，外廊造型为“品”字形，三山九顶，错落有致，造型极为独特。大殿由正殿和东西偏殿组成。正殿面积861平方米，高28.15米，东、西两偏殿高均为16.62米，9个尖顶用绿色琉璃瓦镶制。正殿圆顶中央悬挂着一块长方形蓝色匾额，上书“成吉思汗”（蒙、汉两种文字）。正殿有16根直径为0.68米的大红漆明柱，大殿正中的大理石台基上坐落着高2.8米，重2.6吨的成吉思汗全身铜铸座像。成吉思汗长子术赤、次子察合台、三子窝阔台、四子托雷的镀铜塑像在两旁侍立。东、西偏殿陈列元代服饰、书简、豁皿。三座大殿天花板绘有蒙古古代图案，大殿和走廊墙壁有当代画家思沁绘制的《铁木真的少年时期》《成吉思汗统一蒙古各部》《蒙古国的建立》《蒙古骑兵》《畅通东西方》等一幅幅壮丽的大型壁画。由庙殿向下，有宽10米、长180米的花岗石踏步台阶，分9组，每组9级，共81级。

成吉思汗庙山门

成吉思汗庙正殿入口

二、赤峰喀喇沁亲王府

建筑简介

喀喇沁亲王府，位于内蒙古自治区赤峰市喀喇沁王爷府镇，是内蒙古地区现存王府建筑中建成年代最早、建筑规模最大、规格等级最高、现状保存最好的一座古建筑群组。2001 年被国务院公布为（第五批）全国重点文物保护单位。

喀喇沁亲王府的原占地面积为 8.6 万平方米（130 亩），王府布列由中路王府、左右两侧跨院及花园组成。府门前庭（广场）宽阔，向南一直延伸到锡泊河畔的牧场，建有十三敖包，王府外围西侧建筑建成较早，后为崇正学堂的校址，东侧有嘎拉衙门、东衙门等官署布列。

王府的中路建筑为王府建筑的核心区，按照中轴对称之制布列。中轴线由南至北依次布列有大照壁、前庭（广场）府门、仪门、轿厅、回事厅、议事厅（银安殿）、承庆楼（后罩楼），主建筑的两翼及东西对称，分别置有配房、厢房。形成纵深五进院落布列的格局，其中府门、轿厅、议事厅均在前置月台、回事厅与议事厅之间以丹陛桥连接，其余则以甬道、甬路连接。

王府回事处（厅）以前的建筑为王府“十三行”行使政务的办公机构，其后则为王府议事办公之所、王爷福晋居住及礼佛之所。

王府左右的东西跨院中，东路为王爷福晋内眷生活起居及后勤供应之所，分别布列有内宅、卧寝、书房、燕怡堂（演艺谐音）戏楼及生活服务的膳房、马房、仓廪及执事办公之所。

西路（西跨院）建有书塾（斋）、四角亭、馆驿、练功场、文庙、武庙、宗祠、佛堂及其他设施。

承庆楼之北至北山底为王府花园。

王府西二里，建有王府家庙福会寺等喇嘛教寺庙。

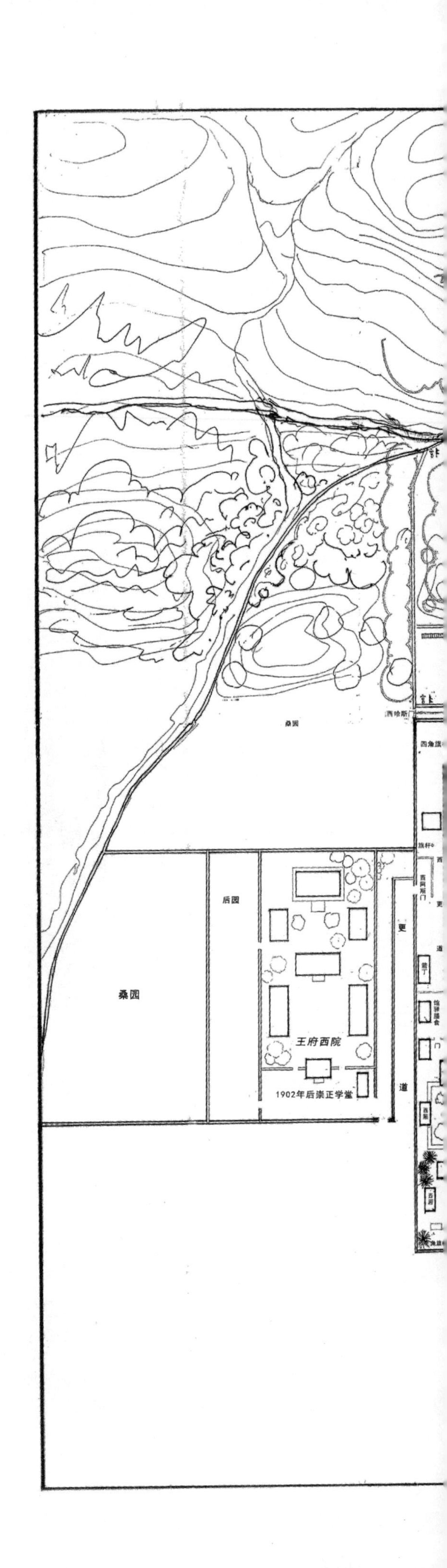

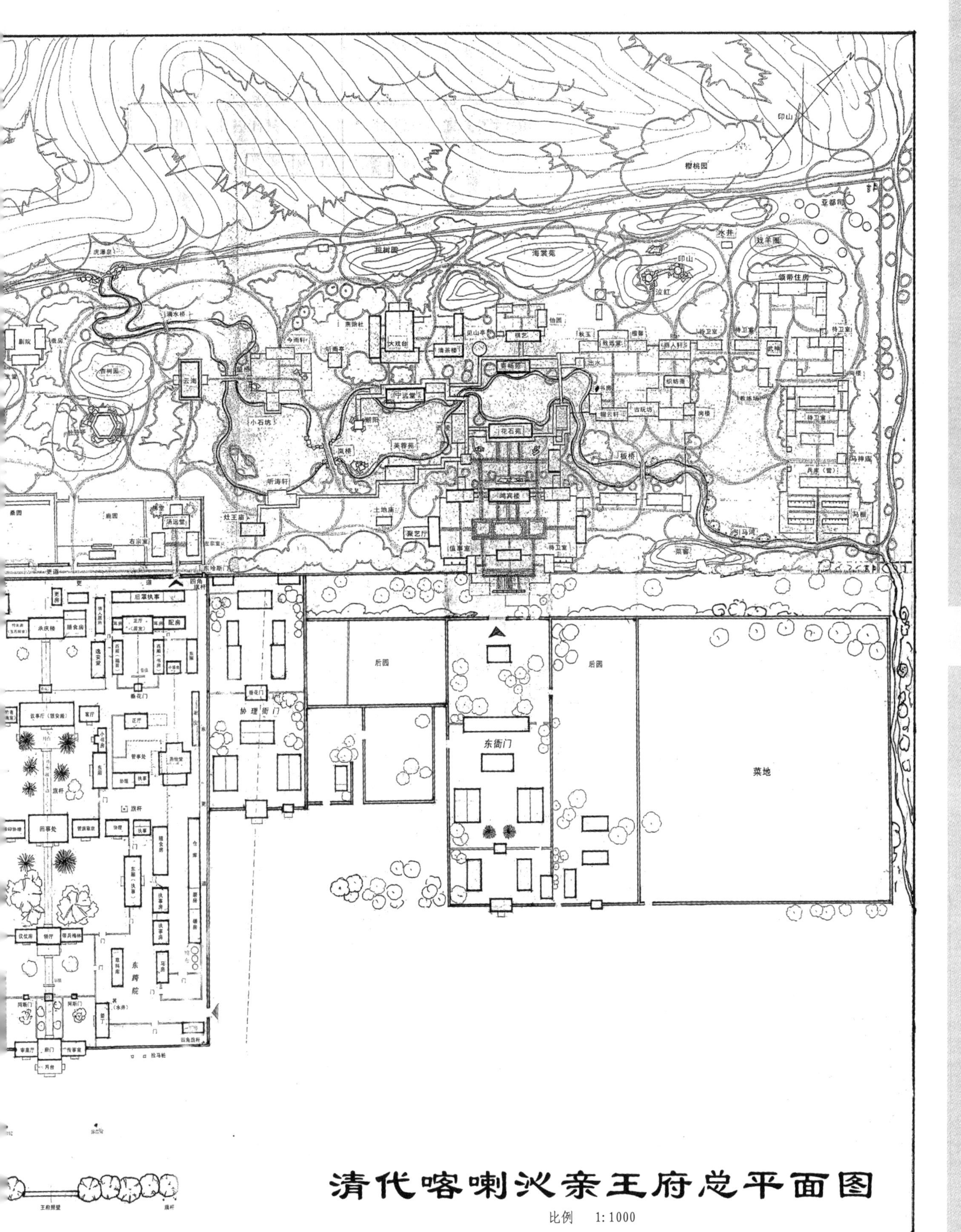

清代喀喇沁亲王府总平面图

比例　1:1000

建筑特征

喀喇沁亲王府的建筑形制多为大木硬山式为主，中轴线建筑中，除承庆楼和仪门之外，皆为前后檐廊之制，并置月台、丹陛桥，当为等级尊贵之标志。厢配房虽然大木构架中都有前后廊的结构，但多为前置檐廊形式，后廊为室内空间利用，级别显然较主建筑要低。

中路建筑等级之高以议事厅为最，高度以承庆楼为突出。而显示权力的班房、审判厅位于府门之西，总之中轴主院的布列，完全依据《大清会典》制度而建。

东西跨院建筑较为简朴，以适用为主，建筑形制活泼多样，它与中路建筑形成较明显的区别。花园虽毁不存，据载，与承德避暑山庄的北方园林属同一风格。

王府建筑属无斗栱的官式做法形制，各单体建筑石作部分皆施用石台阶、条石压檐。施角柱石、压檐石、挑檐石等。砖作工程遵循“活糙规矩不糙”的原则，瓦作采用传统裹垅做法，大木用材考究，室内天棚视建筑等级而定，分藻井、井口天花、一般天棚，天棚又分作平顶和类似北京传统四合院建筑中的单“切”或双“切”做法，而地面则采取坑炕取暖的设施，建筑彩绘除宗祠寺庙类外，其余皆为赫红漆饰而不施彩绘。

王府建筑显见有三个时代的不同特征，分为清代早期、乾隆之后及民国时期三个阶段，总的风格与北京王府、承德避暑山庄建筑有同工异曲之处，显见它深受京式传统建筑之影响，同时，王府建筑对此后相继建成的寺庙建筑、民居建筑，亦深有影响。在内蒙古同类王府建筑中是一座具有代表性的典型实例。

中国清代蒙古王府博物馆石碑

喀喇沁亲王府西院、1902年后为崇正学堂

喀喇沁亲王府全图

喀喇沁亲王府府厅

喀喇沁亲王府回事厅

喀喇沁亲王府莲花门

喀喇沁亲王府承庆楼（后罩楼）

喀喇沁亲王府四宜堂

三、通辽科右后旗博克达活佛府邸

建筑简介

博克达活佛府邸是后金时期为纪念博克达活佛乃吉托音，由蒙古科尔沁各部贵族共同建设的一处著名的佛教府邸。在内蒙古东部草原地区是时代最早、规格最高的藏传佛教建筑，对研究藏传佛教传播及蒙藏民族文化交流具有重要价值。乃吉托音活佛系四世班禅指派的六大活佛之一，其府邸是内蒙古东部地区藏传佛教（格鲁派）传教发源地和场所。该建筑群保存完整，壁画精美，佛像独特，具有较高的历史艺术价值。

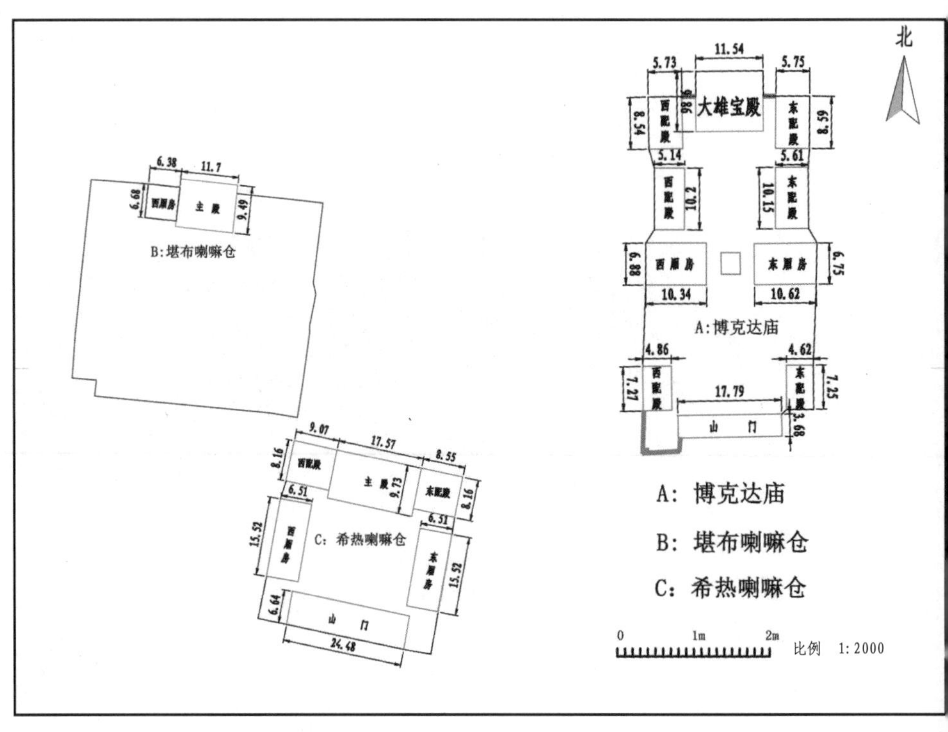

博克达活佛府邸总平面图

博克达活佛府邸鸟瞰

博克达活佛府邸山门

博克达活佛府邸一进院东配殿

博克达活佛府邸一进院西厢房

博克达活佛府邸一进院东厢房

博克达活佛府邸一进院西配殿

博克达活佛府邸二进院东配殿

博克达活佛府邸二进院西配殿

博克达活佛府邸二进院东厢房

博克达活佛府邸二进院西厢房

博克达活佛府邸寺庙群以遐福寺为主。另有阐教寺、双福寺、广福寺、慈福寺以及乃吉托音 95 岁寿辰所兴建的 21 米高白塔。现遐福寺及其附属希热喇嘛仓、堪布喇嘛仓保存较为完整。

博克达活佛府邸为汉藏结合式建筑风格。其中遐福寺建筑面积 823.58 平方米，二进院布局，总计建筑 11 座。希热喇嘛仓建筑面积 676.38 平方米，共有 4 座殿堂大小 25 间房屋。堪布喇嘛仓共 5 间，为一层硬山青砖灰筒瓦顶，建筑面积 114 平方米。

博克达活佛府邸大雄宝殿

历史沿革

寺庙由第一世乃吉托音呼图克图于天聪至顺治初年,在科尔沁部十旗王公的资助下兴建。寺庙建筑风格为汉藏结合式，在其最盛时由六个部分组成，内有大雄宝殿、扎哈庙等殿宇及博克达府、希热喇嘛仓、堪布喇嘛仓等高僧住宅。寺庙有 12 座庙仓，有菩提塔、释迦八塔。

1928 年班禅额尔德尼来遐福寺留住一个月，行法布教。

1949 年新中国成立后，科尔沁右翼中旗旗人民政府曾在寺庙内办公。

20 世纪 80、90 年代，科尔沁右翼中旗民族宗教事务局、老干部局在寺庙内办公。

1994 年，寺庙由巴特日喇嘛接管。

1996 年 5 月，该古建筑被公布为内蒙古自治区第三批文物重点保护单位，此后迄今 20 多年当中，当地政府多方筹资修缮，遐福寺基本维持原貌。2004 年始，博克达活佛府邸逐渐恢复举办佛事活动。

希热喇嘛仓主殿

堪布喇嘛仓全景图

希热喇嘛仓鸟瞰

建筑简介

奈曼王府位于内蒙古自治区通辽市奈曼旗大沁他拉镇王府大街西段北侧，奈曼王府是由道光皇帝女婿奈曼旗第十一任扎萨克德木楚克扎布（1863 年）修建的清朝晚期郡王府邸，经四迁五治后的最后一座王府，1986 年被列为自治区重点文物保护单位。王府系奈曼旗最高行政长官扎萨克生活和办公的地方。

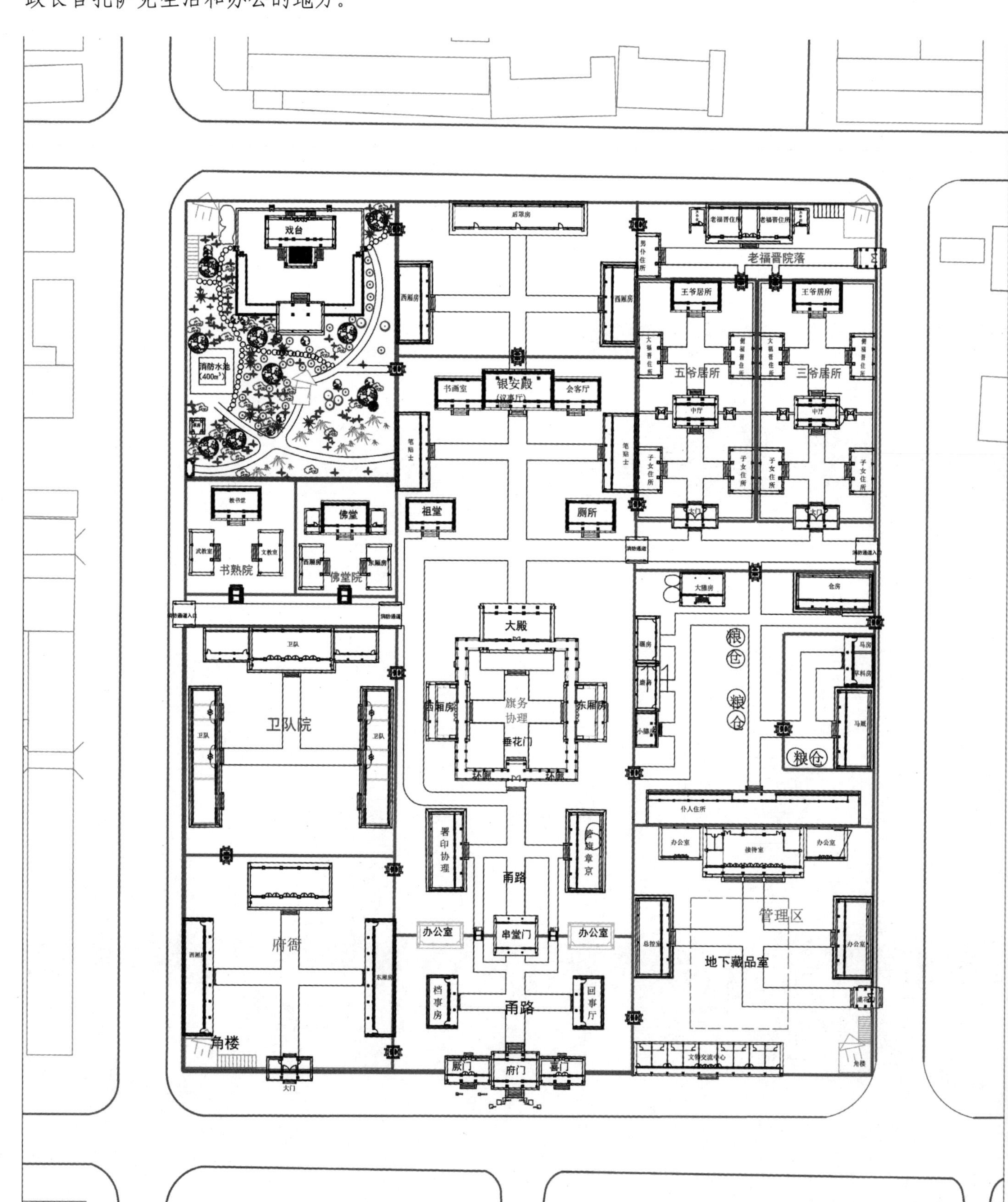

奈曼规划方案

历史沿革

1636 年，第一任郡王衮楚克建王府于太山木头白音敖包，1707 年第六任郡王垂忠，企图分裂清室的统一，仿北京皇宫，于新镇扣根修建规模较大、豪华的新王府。被清政府发现，于康熙五年（1666 年）削去垂忠的王位。

1720 年，第七任郡王阿萨拉由将王府迁回白音敖包；1803 年，第九任郡王巴拉楚克，把王府迁到教来河北岸五福堂。

1863 年，扎萨克第十一任驸马王德木楚克扎布在奈曼大沁塔拉建王府，据今 150 余年。

1947 年，内蒙古自治区人民政府成立，奈曼王府暂改为旗政府办公地点。

1982 年，奈曼王府被列为内蒙古自治区重点文物保护单位，同年开始对王府大门、便门和围墙进行维修与装饰。

1985 年成立奈曼王府博物馆，负责该王府的保护与利用，同时向社会开放，接待观众。

1991—1992 年对王府进行较大规模维修，恢复了王府办事机构档事房和王府卫队住所等部分房舍。

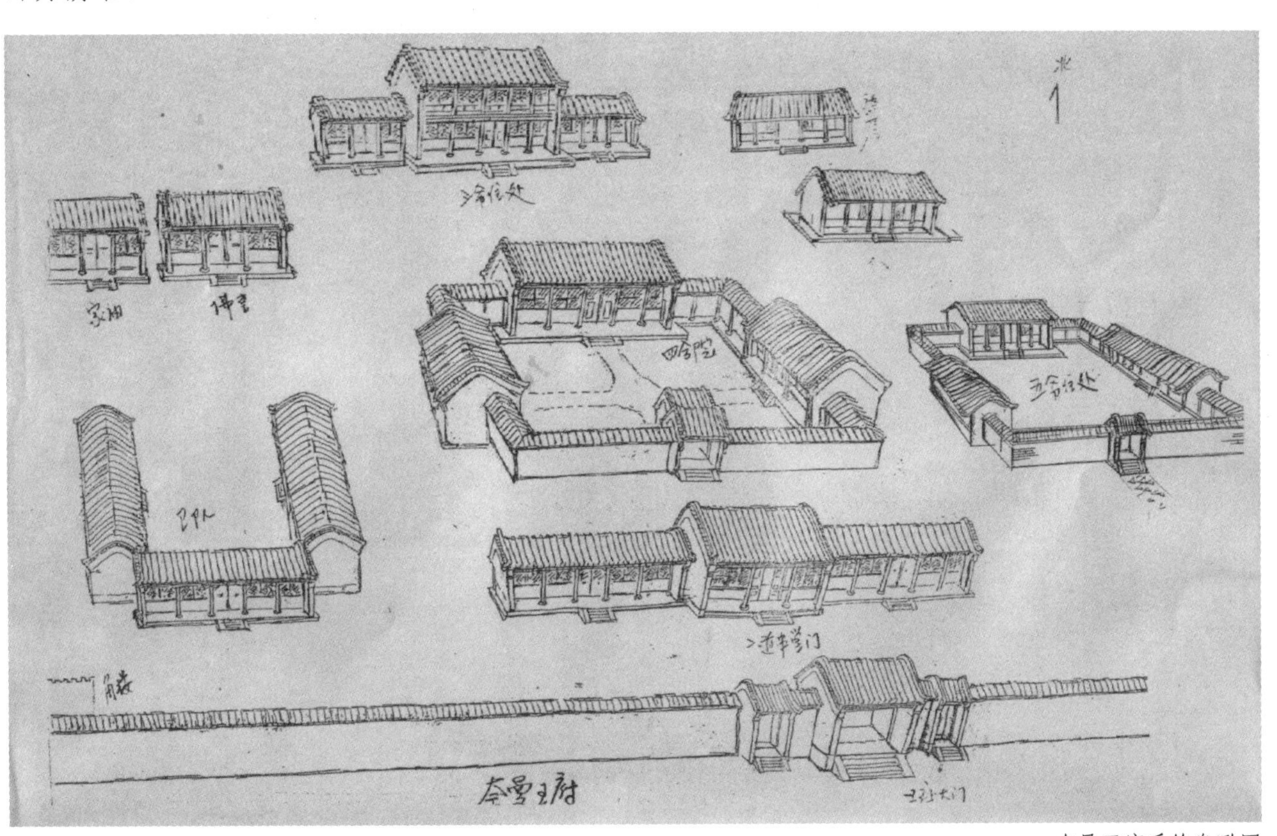

奈曼王府手绘鸟瞰图

奈曼王府入口石狮

奈曼王府串堂门

建筑特征

奈曼王府的全部建筑规模较大，有房屋 190 余间，为一方形大院。原整个王府占地面积约 22500 平方米，四周为夯土版筑梯形围墙，底宽 2 米，顶宽 1 米，高 4 米，四角建有角楼，大院显得非常威严。整个王府建筑完全是高台基、多圆柱。此建法使王府坚固耸立、高大雄伟，并可防雨防潮和防震。院内双重建筑格局，整个形成院内有院的建筑，从总体看，为一封闭式台榭回廊左右对称的四合院。前后为三层套院，中间有一封闭式四合院，外边院墙高大又形成了一个大四合院。王府整体布局反映了封建王公的“尊严”和严格的封建等级制度，从造型到结构都体现了我国古代建筑艺术的优良传统和独特风格。

奈曼王府现占地面积 9997 平方米，实有建筑面积 3113 平方米，有王府正殿、配殿、家庙等。其东临奈曼旗第一中学、南为奈曼旗妇幼保健医院、西有奈曼旗人民医院、北有居民区。

奈曼王府保护标志碑

奈曼王府西南角楼

奈曼王府院内假山

奈曼王府四合院内正殿

奈曼王府家庙近景

奈曼王府家庙内景

奈曼王府正殿内景

奈曼王府第二道串堂门

奈曼王府四合院南垂珠门

五、锡林郭勒苏尼特右旗王府

建筑简介

苏尼特右旗王府位于内蒙古自治区锡林郭勒盟苏尼特右旗朱日和镇东北 5 公里的乌素图敖包山脚下。

苏尼特右旗王府于 1996 年 5 月 28 日被内蒙古自治区人民政府公布为第三批自治区重点文物保护单位。苏尼特右旗王府始建于清代后期。王府占地面积 3.6 万平方米，现存古建筑 15 座，建筑面积 1100 平方米，其建筑风格融汉、蒙文化于一体，体现出清代蒙古草原地区蒙汉文化的密切交流和融合，是内蒙古北部草原地区重要的王府建筑群。

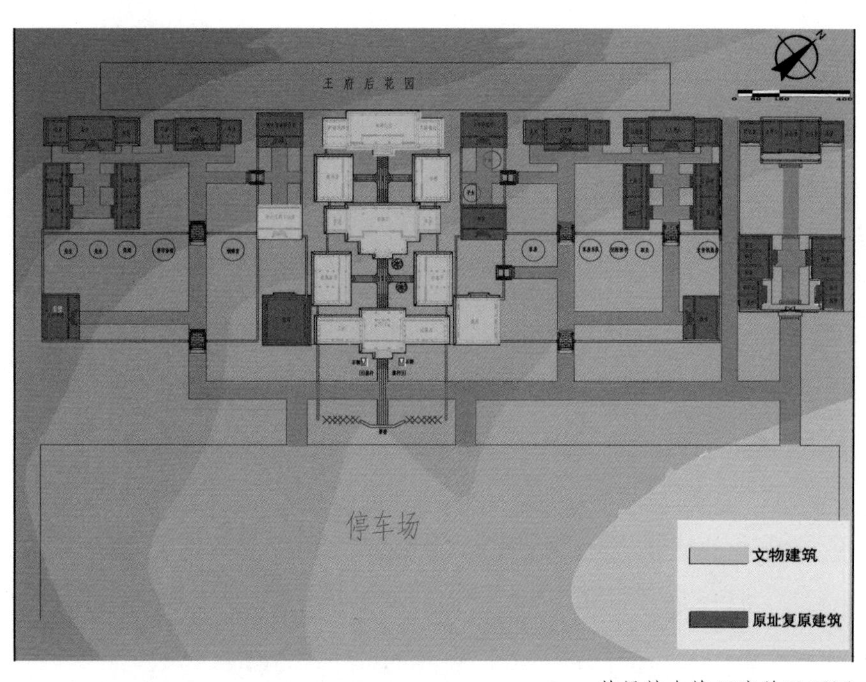

苏尼特右旗王府总平面图

府门建筑面积86平方米，面阔三间，进深六椽，设前后廊，硬山顶。

府门建于清同治二年，前厅为王府主要建筑，建于清同治二年，为带抱厦式勾连搭屋顶，主建筑面阔五间，进深六椽，硬山顶。前檐抱厦面阔三间，进深四椽，歇山卷棚顶。后厅与前厅同时建造，面阔五间，进深六椽，硬山顶。附属建筑亦为同期建造，包括东厅、西厅、前院东、西配殿和后院东、西配殿四座单体建筑，及东西倒座房、前后厅东西耳房。

苏尼特右旗王府府门东南面

苏尼特右旗王府府门北立面

苏尼特右旗王府鸟瞰图

苏尼特右旗王府府门整体

建筑特征

王府建于清同治二年（1863年），原为并列的五路院落组成，现存建筑群由完整保存的中路院落和东西四组建筑中仅存的两座单体建筑组成。其他建筑均于新中国成立后拆毁，建筑基址一直原样保存。2007 ~ 2011年，按不改变文物原状原则对残损建筑进行了保护性修缮。

现存建筑十五座，均建于清同治二年（1863年）。包括中轴线上的府门、前厅（议事厅）、后厅（后佛堂）三座主体建筑，及东厅、西厅、前院东西配殿、后院东西配殿、府门东西倒座房，前厅东西耳房、后厅东西耳房等附属建筑。

前厅室内天花、外檐和抱厦梁架绘苏式彩画。

苏尼特右旗王府前厅抱厦正面

苏尼特右旗王府前厅北立面

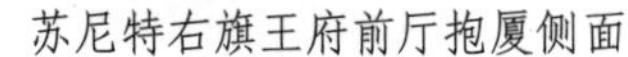

苏尼特右旗王府前厅抱厦侧面

苏尼特右旗王府前厅抱厦结构及彩画

后厅（后佛堂），建筑面积108平方米。

附属建筑：东厅，是东路两组建筑中仅存的一座，建筑面积99平方米，面阔三间，进深六椽，两卷棚勾连搭顶；西厅，是西路两组建筑中仅存的一座，建筑面积78平方米，面阔三间，进深六椽，硬山顶；前、后院东、西配殿均面阔三间，进深六椽，硬山顶；府门东西倒座房均面阔三间，进深四椽，卷棚顶；前、后厅，东、西耳房均面阔三间，进深四椽，硬山顶。

苏尼特右旗王府后厅正面

苏尼特右旗王府后厅东墙立面

苏尼特右旗王府后厅彩绘

苏尼特右旗王府后院西耳房正面

六、阿拉善额济纳旗王府

建筑简介

额济纳旗王爷府，蒙古语为“诺彦乃白兴”，也称“塔王府”“额济纳旗旧土尔扈特王爷府”。其坐落在达来呼布镇东 2 公里二道河畔的胡杨林中，是额济纳旧土尔扈特特别旗第十二代郡王塔旺嘉布的官邸，也曾是额济纳旗的政治中心，居住过额济纳最高的统治者。始建于 1938 年，占地面积 1900 平方米，院落建筑坐西向东，为北京四合院形制，殿堂布局严谨，建筑风格独特。20 世纪 30 年代初，英国驻华大使参赞台格曼途经此地，将其誉为“沙漠中的小白宫”。

2006 年，王爷府被公布为自治区级重点文物保护单位，2008 年又被命名为自治区级爱国主义教育基地。

“纪念额济纳土尔扈特部回归祖国三百周年”纪念碑

胡杨林旁的王爷府

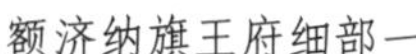

额济纳旗王府细部一

额济纳旗王府细部二

额济纳旗王府细部三

额济纳旗王爷府院落

额济纳旗王爷府外立面

额济纳旗王爷府彩画

额济纳旗王爷府院前廊

第二篇

衙署建筑

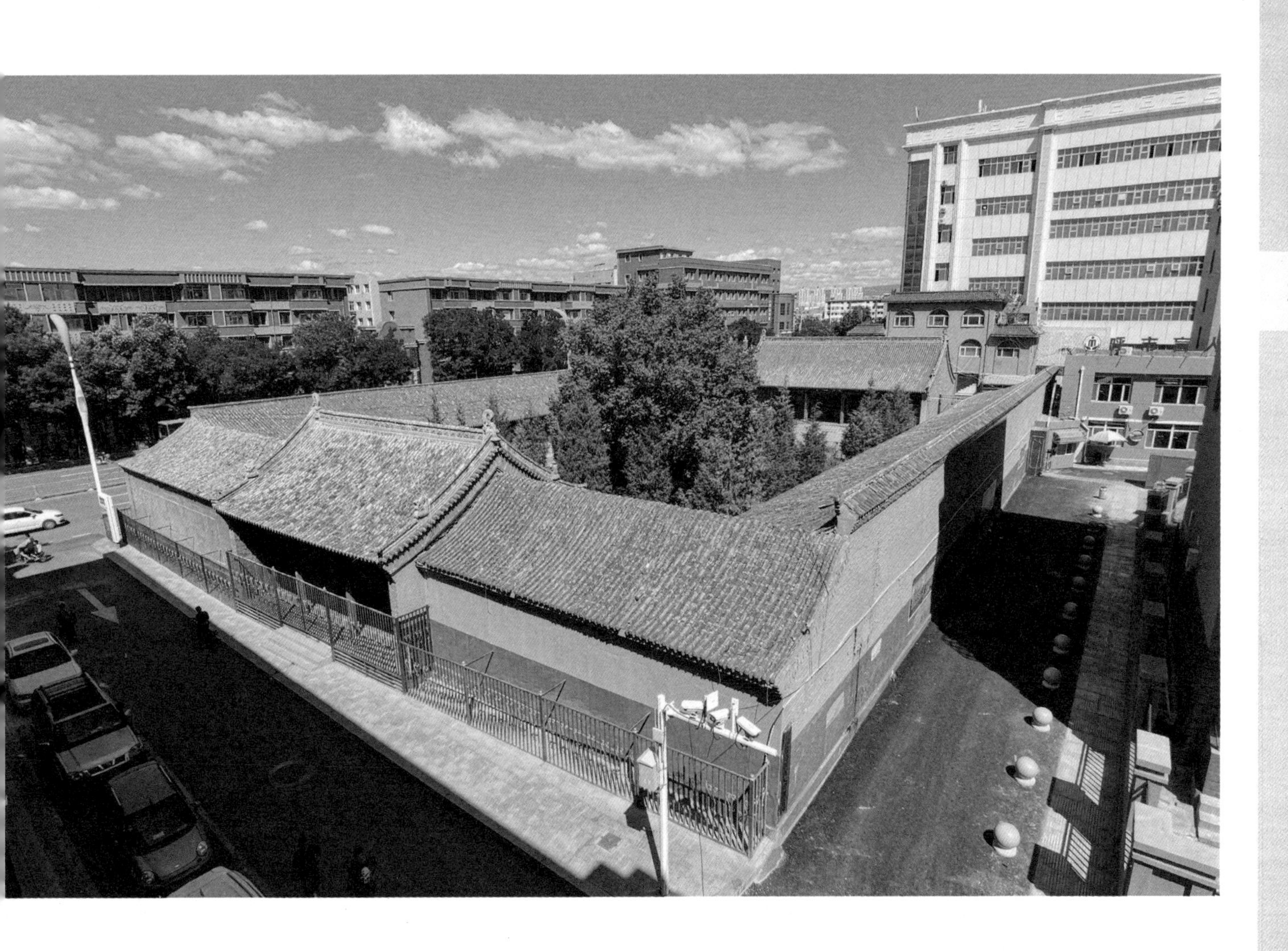

一、呼和浩特绥远城将军衙署

建筑简介

建筑位于呼和浩特市新城区西街鼓楼立交桥西侧，始建于清乾隆二年（1737 年），乾隆四年建成。该衙署是清代绥远城内最大的衙署建筑，也是内蒙古现存唯一的一座清代将军衙署，衙署建筑至今保存完好。其现为全国重点文物保护单位。

该衙署现已辟为将军衙署博物院。

将军衙署保护标志碑

将军衙署入口之一

将军衙署入口之二

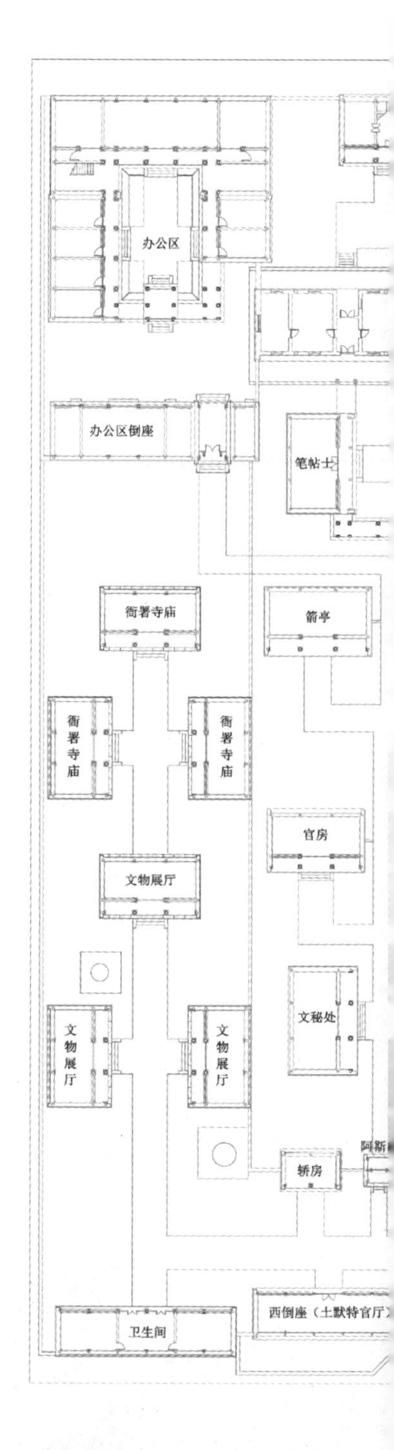

将军

历史沿革

据史籍记载：清雍正时期，为巩固西北边防，清廷定议在归化城（今呼和浩特市旧城）东北五里处新建一座八旗兵驻防城。清乾隆二年（1737年）动工，乾隆四年建成，清廷赐名“绥远城”。移山西右卫将军驻防统领，后改称“绥远城将军”。

清代的绥远城将军，是清朝的一品封疆大吏，不仅统率绥远城的驻防官兵，还管理漠南蒙古王公民众，而且可统领大同、宣化驻兵和指挥三关提督。

民国时期，绥远都统公署、绥远省政府及日伪蒙疆联合自治政府曾驻于此。中华人民共和国成立后，绥远省人民政府、内蒙古自治区政府机关曾先后驻于此。绥远省主席傅作义将军的办公处至今保存完好。

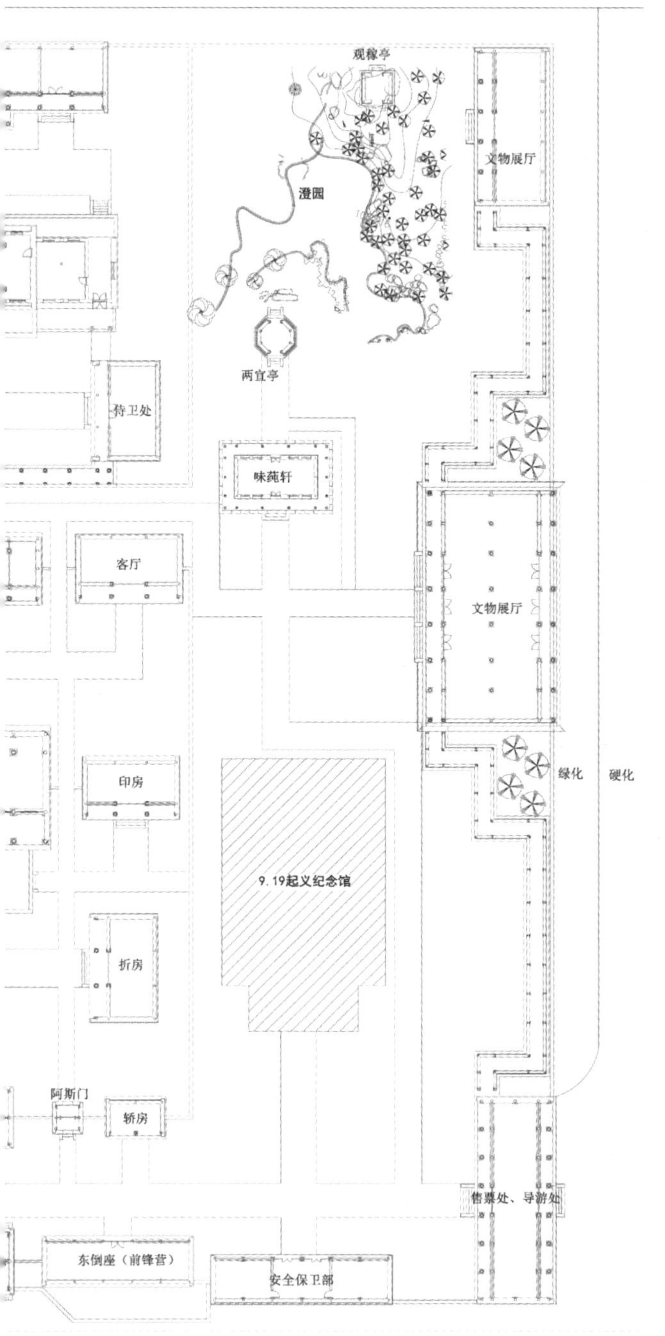

将军衙署正堂平面图

将军衙署正堂一

将军衙署二堂

将军衙署三堂

将军衙署三堂屋顶

建筑特征

将军衙署坐北朝南，按清代一品官员等级建造，建筑规模宏伟，占地面积约1.6万平方米，总计房屋130余间。衙署前有照壁、旗杆、辕门、石狮、鼓乐房、八字影壁等。照壁长29米，高约4米，厚达1.75米。壁上嵌有“屏藩朔漠”刻石。

衙署为中轴对称布局，有五进院落，可分前后部分，前为公廨，后为内宅。一进院落，东西侧房设前锋营、土默特官厅。正面中间设仪门，两侧设旁门。入门为公廨，院落三重、厅堂三进，为将军办事机构和接受参拜的场所。绥远城左、右司衙门建于东西两侧。后院为内宅院落。为将军的私邸住房及花园。衙署房屋均为硬山式，砖瓦建筑。整个建筑之外设有围墙，四角设更房。衙署东面有民国时期绥远省府主席李培基添建的花园，取名“澄园”。

正堂室内

二堂室内

三堂北立面

绥远方式纪念馆（左一）

将军衙署印房（左二）

将军衙署功德碑（右一）

后罩楼（四堂）一（右二）

后罩楼（四堂）二

二、呼和浩特土默特旗务衙署

建筑简介

土默特旗务衙署又称固山衙门、土默特旗署、土默特议事厅（内蒙古自治区级重点文物保护单位公布名称），位于内蒙古自治区呼和浩特市玉泉区大北街东侧。默特旗务衙署于2006年9月4日被内蒙古自治区人民政府公布为第四批自治区重点文物保护单位。土默特旗务衙署是内蒙古地区保存最为完好的清代蒙古土默特部官署建筑，它是上承绥远将军、归化城副都统军令、政令的执行机关，也是清代内属蒙古总管旗衙署建筑的典型代表，具有重要历史价值。

土默特旗务衙署鸟瞰

土默特旗务衙署修缮前的大门（左一）
土默特旗务衙署修缮后的大门（左二）
土默特旗务衙署大门垂脊（左三）
土默特旗务衙署大门墀头（左四）

历史沿革

土默特旗务衙署始建于清雍正十三年（1735 年），衙署大门原在西南端，面向大街，与归化城副都统署（已不存）大门隔街相向。

道光四年（1824 年），为符合衙门朝南开的传统规制，将大门移至正南，在中轴线上建三楹大门，设台阶三级，另在大门前建照壁一座。

清代时，衙署原有一堵直南直北的西墙，后陆续出让给商人，临街修建铺面，故而衙署大院从兵司办公室以北向内收缩，形成阶梯状。

1912 年民国肇建后，土默特两翼合为一旗，新任归化城副都统对清代的机构设施进行了改革，废户、兵二司，实行分科办事制，衙署亦改名为土默特旗署。

1915 年初，北洋政府裁撤归化城副都统，设土默特总管一员，作为全旗的最高长官。原归化城副都统署被其他机构占用，遂在旗务衙署东北角另建一处小院，作为总管办公处所，于是土默特旗署改称土默特总管署，民间称之为总管衙门。

民国时期，该处作为土默特总管署，曾资助乌兰夫、奎璧、吉雅泰、多松年等众多土默特学子读书活动，对其后来走上革命道路具有直接的影响。

土默特旗务衙署鸟瞰

土默特旗务衙署东厢房

土默特旗务衙署西厢房

土默特旗务衙署倒座

建筑特征

土默特旗务衙署位于归化城大北街东侧，南起议事厅巷，北至东马道巷，长 86 米，宽 40 米，占地面积 3440 平方米，衙署内共有房屋 34 间。

衙署基本格局为中轴线对称建筑，主体建筑议事厅，位于院内北侧，硬山式三楹大厅，面阔 18.74 米，进深 13.74 米，面积 257.49 平方米，为十二参领集体议事的会议厅，有关旗务的重要举措均在此作出决定。议事厅两侧各有附厅一间，左侧为银库，右侧为武器库。

山门位于衙署中轴线正南处，三楹硬山式建筑，面阔 10.5 米，进深 8.65 米，面积 90.83 平方米。大门上原匾已不存，现匾为全国人大原副委员长布赫先生所题，为楷书“土默特旗务衙署”七个大字。

土默特旗务衙署议事厅

议事厅西侧偏厅（武器库）

议事厅东侧偏厅（银库）

三、呼和浩特佐领衙署

建筑简介

佐领衙署位于内蒙古自治区呼和浩特市新城区元贞永巷15号，建于清乾隆四年（1739年），是一座保存较为完好的四合院，整个院落所有建筑都为硬山双坡，砖木结构。屋面脊饰装饰朴素，台基屋面瓦作完好。领衙署是内蒙古自治区公布的（第三批）自治区重点文物保护单位。佐领衙署总占地996平方米，总建筑面积615平方米。

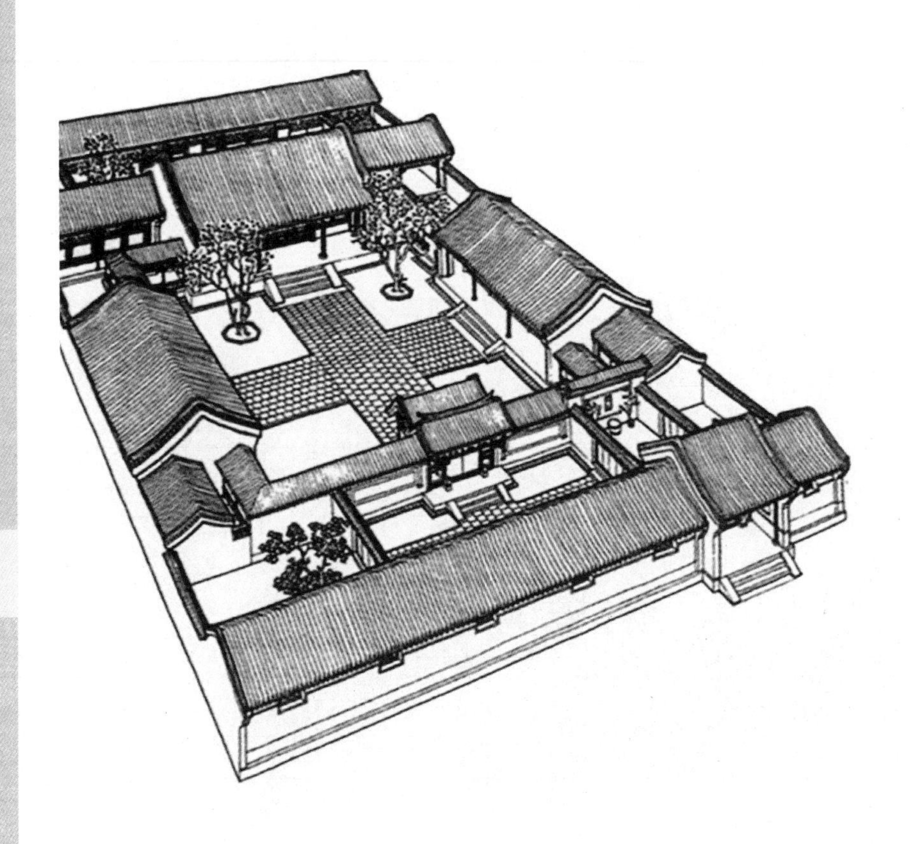

佐领衙署手绘全景图

佐领衙署全景

建筑特征

佐领衙署是严格按照清廷《大清会典》及八旗驻防城的要求营建的官式衙署建筑群组。它的建筑布局、结构、形制代表了这一历史阶段的营造规范制度和技术水平。整个院落所有建筑都为硬山双坡，砖木结构。屋面脊饰装饰朴素，台基屋面瓦作完好。其规模大、保存现状好，为清代同类衙署仅存的实例，是呼和浩特这一历史文化名城的集中体现，具有很高的文物价值和社会价值。

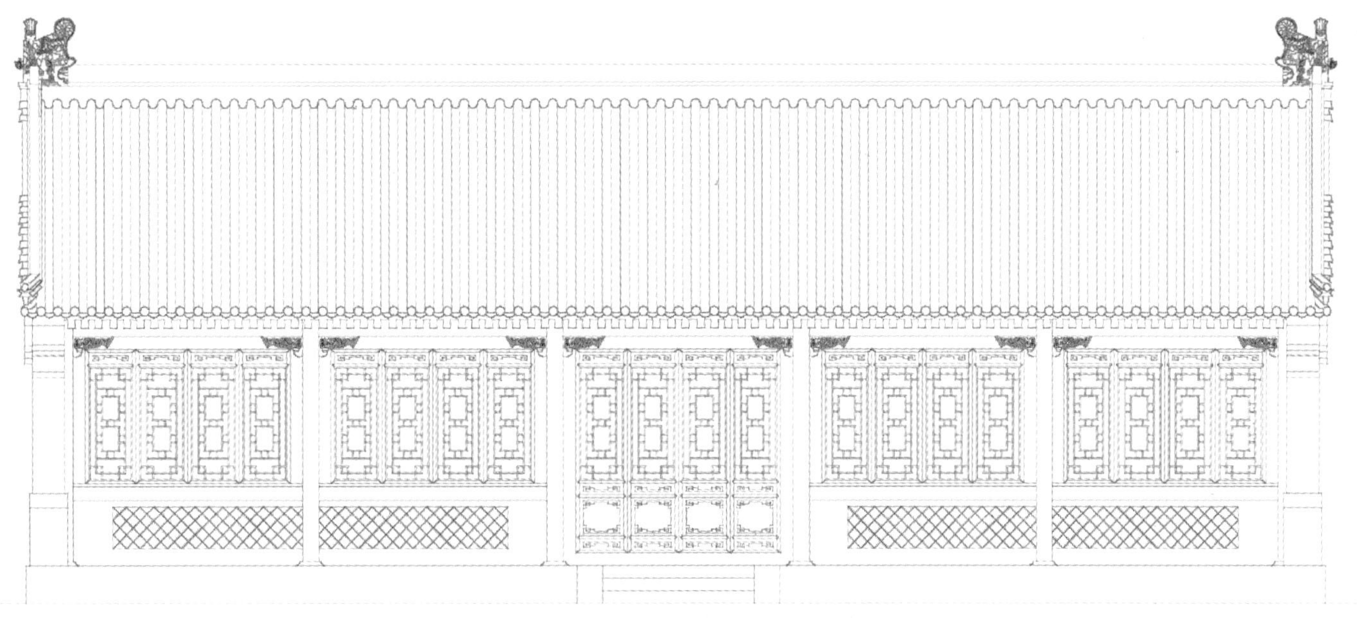

佐领衙署正房正立面

佐领衙署厢房正立面

佐领衙署厢房

佐领衙署入口

佐领衙署随墙照壁

佐领衙署细部一

佐领衙署细部二

第三篇

藏传佛教建筑

一、呼和浩特大召寺

建筑简介

蒙古语称“伊克召”，意为 “大庙”。汉名原为“弘慈寺”，后改称“无量寺”，今通称“大召”。位于呼和浩特市玉泉区大召前街。始建于明万历七年（1579 年），是呼和浩特最早兴建的喇嘛教（黄教派）寺庙，也是中国北方著名的寺庙之一。寺庙建筑至今保存完好。现为全国重点文物保护单位。

寺庙坐北朝南，主体建筑布局为“伽兰七堂式”。沿中轴线建有牌楼、山门、天王殿、菩提过殿、大雄宝殿、藏经楼、东西配殿、厢房等建筑。附属建筑有乃琼庙、家庙、菩萨庙等。此外还有环绕召庙的甬道和东西仓门。大雄宝殿为寺内的主体建筑，采用了汉藏结合的建筑形式，殿堂金碧辉煌。

大召寺天王殿一

大召寺天王殿吻兽

大召寺天王殿鎏金宝瓶

大召寺天王殿垂脊

历史沿革

明万历六年（1578 年），蒙古土默特部首领阿勒坦汗与西藏黄教首领达赖三世索南嘉措于青海会晤，许愿在呼和浩特兴建寺庙，将“生灵依庇释迦牟尼佛像用宝石金银庄严”供养。

明万历八年（1580 年）大召建成，万历皇帝赐名为“弘慈寺”。

明万历十四年（1586 年），达赖三世索南嘉措来到北方传教，曾亲临呼和浩特大召寺，主持了银佛的“开光法会”，从此大召在蒙古地区成为最有名的寺院。

清崇德五年（1640 年），土默特都统古禄格 · 楚库尔受皇太极之命，对大召进行重修和扩建。工程竣工后，皇太极亲赐满、蒙、汉三种文字寺额，改原寺名“弘慈寺”为“无量寺”，沿用至今。

清顺治九年（1652 年），西藏达赖五世赴京回归时，路经呼和浩特时曾驻锡在大召，大召至今供有达赖五世的铜像。

清代，清廷将管理呼和浩特地区喇嘛教事务的“喇嘛印务处”设在大召。

清康熙二十四年（1685 年），清廷任命朋斯克召（崇寿寺）的喇嘛伊拉古克三 · 呼图克图为呼和浩特的掌印札萨克达喇嘛。

康熙三十七年（1698 年），内齐托因二世看到当时的大召因年久失修，琉璃瓦檐俱已破损不堪。故呈请康熙皇帝，动用自己庙仓的财产修葺大召。

此次修建后，大召的主要建筑物再没发生大的变化。

大召，保存有众多明清时期的珍贵文物。佛殿内不少佛像和祭器，都是出自阿勒坦汗建庙时期。正殿内耸立着高大的银佛等佛祖塑像，前面有达赖四世、五世的塑像和清朝皇帝的“万岁金牌”；明清两代的各种神佛造像、木雕龙柱、大殿壁上的巨幅绘画、铜铸镀金的各种法器，以及寺前的玉泉井等，都是具有重要历史和艺术价值的文物瑰宝。

大召寺天王殿二

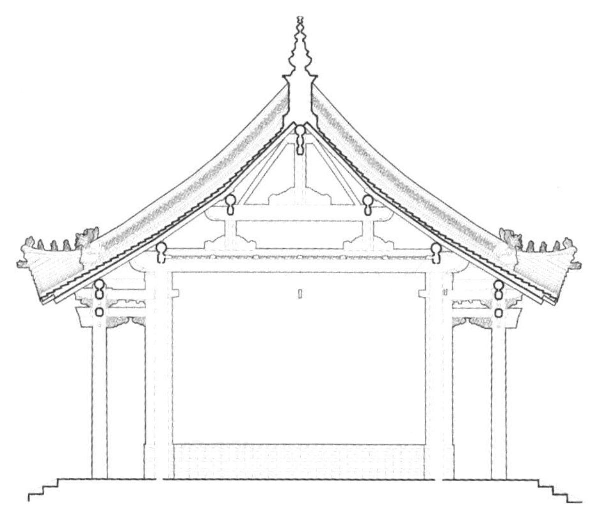

大召寺天王殿剖面图

大召寺菩萨过殿

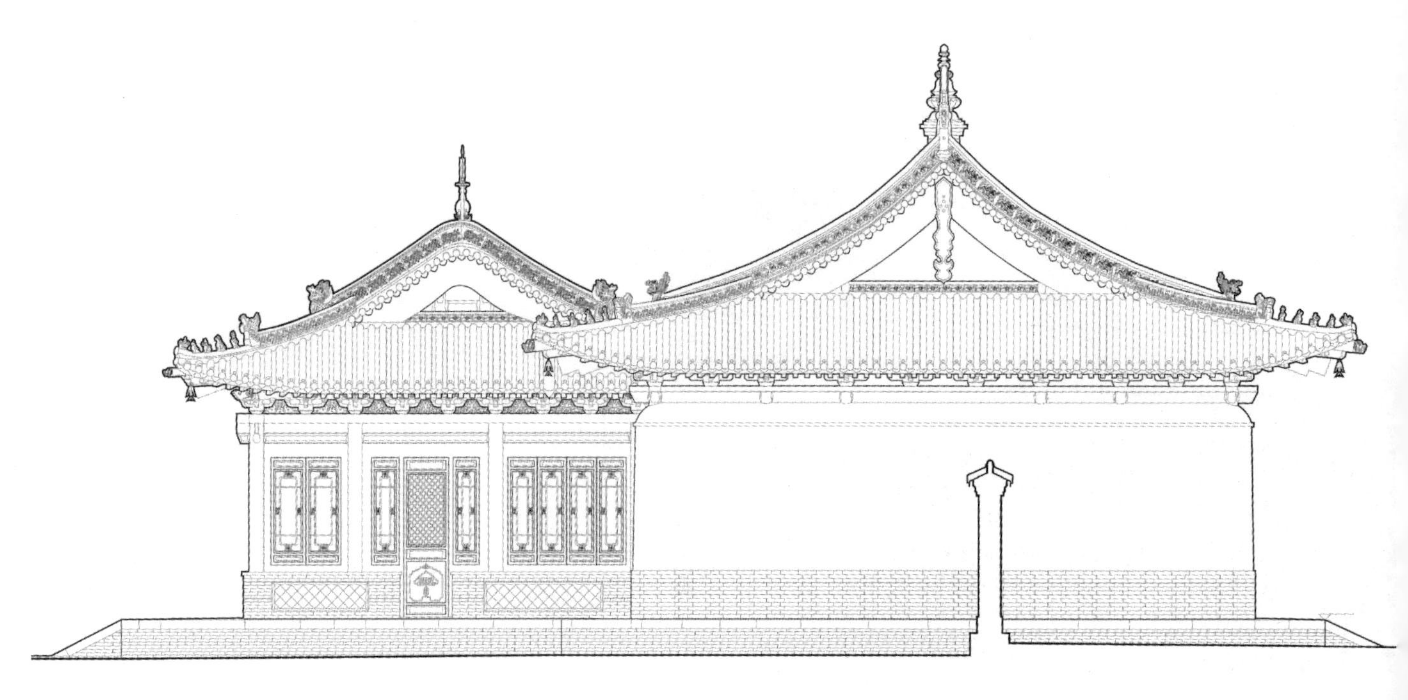
大召寺菩萨过殿剖面图

大召寺大雄宝殿

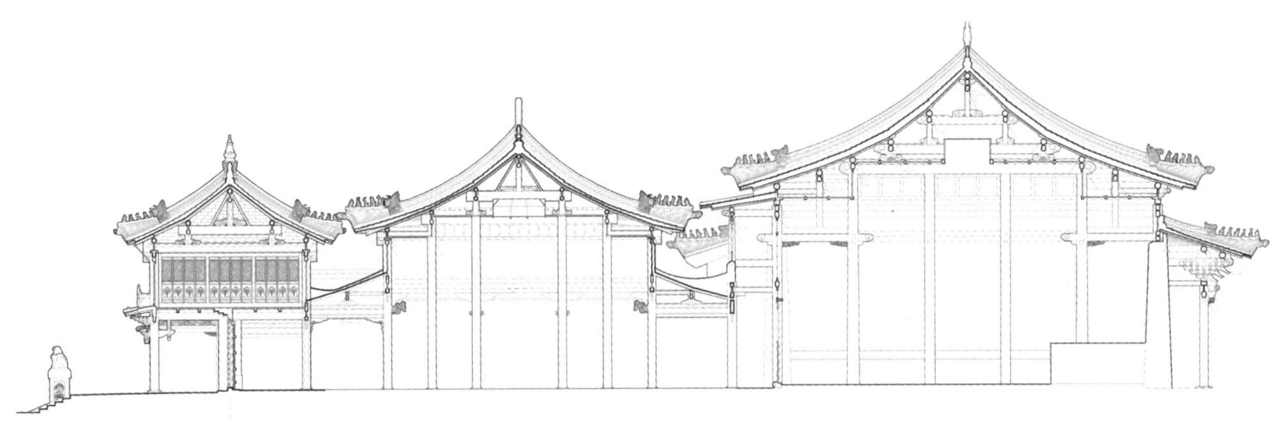

大召寺大雄宝殿剖面图

大召寺大雄宝殿室内

大召寺大雄宝殿转角铺作

二、呼和浩特席力图召

建筑简介

席力图召位于呼和浩特市玉泉区石头巷北端。始建于明万历十三年（1585年）。席力图召又名舍利图召、锡埒图召，皆为蒙语音译，意为“首席”，汉名“延寿寺”，是呼和浩特地区最有影响的“七大召”之一，也是中国北方著名的寺庙之一。寺庙建筑至今保存完好，现为内蒙古自治区重点文物保护单位。

席力图召，是明代蒙古土默特部首领阿勒坦汗子僧格都棱汗，为了迎接西藏高僧达赖三世索南嘉措来北方蒙古地区传教而最初兴建，后经明万历年间和清康熙年间两次大的改建和扩建，始成现在规模。席力图召的建筑在中国古代建筑史上享有盛名，因其精美而被誉为“召城瑰宝”。

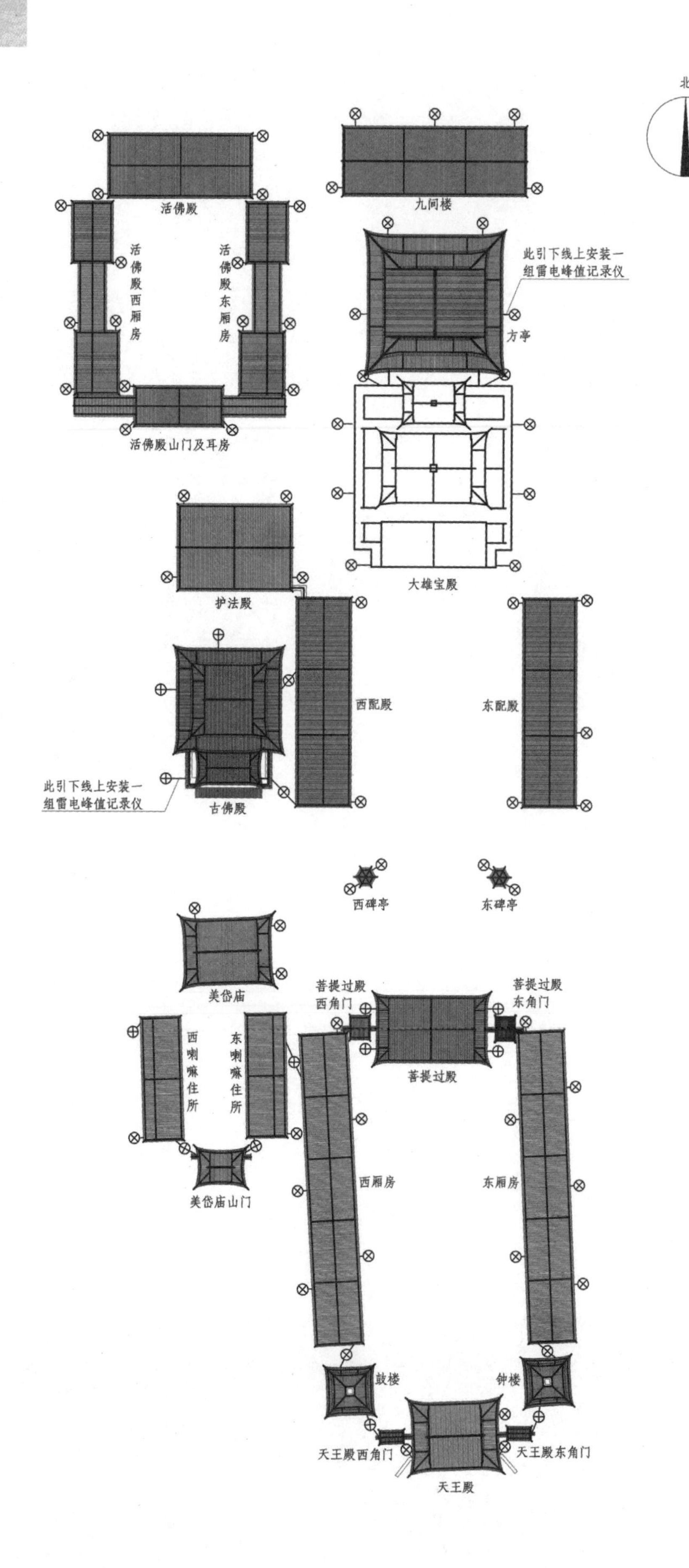

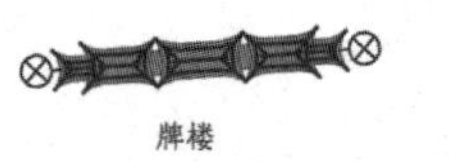

席力图召总平面图

席力图召牌坊

席力图召天王殿

历史沿革

席力图召，因本寺的第一世活佛而得名。一世活佛希迪图噶布齐来自西藏，对席力图召进行了扩建。

明崇祯元年（1628 年），席力图一世活佛圆寂。

清康熙十三年（1674 年），席力图四世活佛坐床，清廷册封为呼图克图喇嘛。

自康熙三十年（1691 年）开始，席力图四世活佛再次对席力图召进行了大规模的扩建。

清康熙三十五年（1696 年），康熙帝率兵西征噶尔丹时曾驻跸归化城。康熙御赐寺名“延寿寺”。

康熙四十二年（1703 年），清廷任命席力图四世为归化城掌印札萨克达喇嘛，统领呼和浩特地区的喇嘛教事务。

清光绪十三年（1887 年），该寺遭火焚，两年后修复。

民国 32 年（1943 年）又遭火焚，九间楼、佛殿部分建筑焚毁。

中华人民共和国成立后，各级政府曾多次拨款维修，现已恢复原貌。

席力图召天王殿背立面

席力图召鼓楼

席力图召钟楼

建筑特征

席力图召是一座建筑规模宏大的寺庙。寺庙坐北朝南，占地面积约3万平方米。其主体建筑布局为“伽兰七堂式”。寺庙主要建筑有过街牌楼、山门过殿、钟楼、鼓楼、菩提过殿、御碑亭、大经堂、佛殿、九间楼、东西厢房等主体建筑以及两侧的古佛殿、佛爷府、塔院、乃琼庙、家庙等院落建筑，建筑面积约5000平方米。大经堂是本寺最美的殿堂，形制尤为独特，为藏汉合璧的建筑形式。经堂殿顶覆以绿色琉璃瓦，脊上装饰铜制鎏金宝刹和龙吻等雕饰。殿顶前部置有鎏金法轮、祥鹿、金龙、经幢等。墙体采用藏式结构，正面墙壁以彩色琉璃砖镶嵌，组成各种绚丽多彩的图案。

席力图召菩萨过殿一

席力图召菩萨过殿室内

席力图召菩萨过殿二

席力图召大雄宝殿远景

席力图召大雄宝殿近景

广场东侧的塔院内有一座汉白玉双耳佛塔，为覆钵式塔，俗称“喇嘛塔”。佛塔造型优美、别致，是内蒙古地区现存最大、最精美的一座清代覆钵式佛塔。

席力图召佛塔

席力图召大雄宝殿室内

席力图召长寿殿

席力图召美岱庙

三、呼和浩特五塔寺（慈灯寺）

呼和浩特五塔寺

建筑简介

汉名“慈灯寺”，蒙语称“塔本·索布日嘎召”，俗称“五塔寺”，位于呼和浩特市玉泉区五塔寺街。始建于清雍正五年（1727 年），雍正十年（1732 年）寺庙竣工后，清廷赐名“慈灯寺”，并赐予蒙、藏、汉三体文字寺额。寺庙因一造型奇特的佛塔而出名。该塔为金刚宝座式，至今保存完好，现为全国重点文物保护单位。

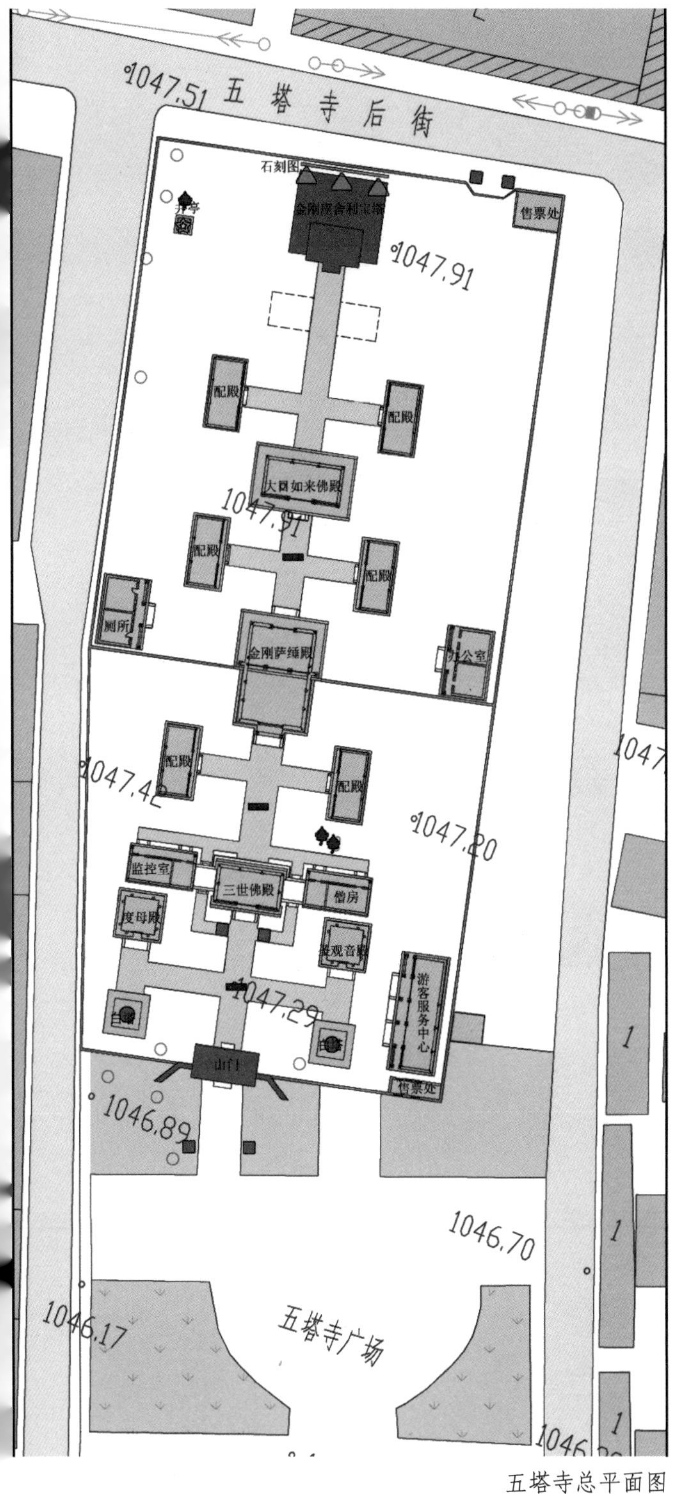

五塔寺总平面图

金刚宝座塔正立面

金刚宝座塔西立面

历史沿革

据史料记载：清雍正年间，呼和浩特小召（崇福寺）的喇嘛阳察尔济任呼和浩特副札萨克达喇嘛时，因年班居住北京，期间呈请清廷在呼和浩特建立一座寺庙。清廷允许后，阳察尔济于雍正五年（1727 年）主持兴建寺庙。阳察尔济成为该寺的第一任活佛。自雍正到咸丰年间，该寺活佛共转世四代，第四世活佛于光绪年间圆寂，再没有灵童转世，其庙宇也逐渐荒芜，民国后寺庙废弃，仅金刚座舍利宝塔保存完好。

五塔寺三世佛殿正立面

五塔寺度母殿

五塔寺三世佛殿

五塔寺舍利塔

金刚宝座塔佛像

透过金刚宝座塔围墙看雕像

建筑特征

五塔寺，为汉式建筑，“伽兰七堂式”布局，占地面积约1万平方米。寺庙有院落三重，主要建筑有牌楼、山门、钟鼓楼、过殿、佛殿、东西配殿、后殿、金刚宝座塔以及僧房等建筑。

在佛殿后面，建有一座造型奇特的佛塔，寺庙因该塔而闻名于世。佛塔名“金刚座舍利宝塔”，渊于古印度菩提伽耶式佛塔造型。塔高16.5米，有塔基、金刚座和五个小塔组成。塔基为方形，金刚座下部呈须弥座式，上部为七层琉璃瓦短檐，檐下嵌有佛像。金刚座顶置有五座玲珑小塔。整座佛塔表面遍布雕塑，有佛、菩萨、金刚、罗汉、飞马、狮、象、鸟、兽，以及佛教中的轮、螺、伞、盖、鱼、罐、花、长、梵文、经字等各种图像、图案。因塔上雕有佛像1600余尊，故又被称作“千佛塔”。该佛塔的建筑造型为内蒙古地区所仅有。

在塔后的照壁墙上，镶嵌有三幅石刻图。其中间一幅为“须弥山分布图”，西侧一幅为“六道轮回图”，东侧一幅为“蒙文天文图”。其中，蒙文天文图是我国现存唯一用蒙古文字标注的一幅石刻天文图，尤为珍贵。

五塔寺金刚萨埵殿

五塔寺大日如来佛殿

四、包头美岱召

建筑简介

美岱召位于内蒙古土默特右旗美岱召镇，始建于明庆隆年间（1567—1572 年），期间多次扩建，建成琉璃殿、城门、角楼、宗教建筑等。明代称为灵觉寺，后改为寿灵寺，建筑属于寺城组合的形式，是内蒙古地区重要的汉藏结合的藏传佛教建筑。

美岱召

美岱召泰和门正立面

美岱召泰和门

历史沿革

明万历三年（1575 年），建成的第一座城寺取名灵觉寺，后改寿灵寺，朝廷赐名福化城。西藏迈达里胡图克图于万历三十四年来此传教，所以又叫作迈达里庙、迈大力庙或美岱召。革命战争时期，乌兰夫、王若飞等革命家都以美岱召为掩护，在这里开展过革命斗争。至今，美岱召里还存有乌兰夫革命斗争遗址，被地方政府建为爱国主义教育基地。

美岱召角楼一

美岱召泰和门东立面

美岱召角楼二

美岱召大雄宝殿屋顶

建筑特征

美岱召是一座城寺建筑，城墙平面呈不规则的四边形，南墙、西墙较直，东墙、北墙外折。东城墙全长178米，南城墙全长157.8米，西城墙全长183.6米，北城墙全长172.4米。城墙剖面下宽上窄呈梯形，四面墙本的宽度也不尽相同，以南城墙最为宽厚高大，底宽5.7米，顶宽3米，高5.2米。其他三面墙体底宽4.5～5.7米，顶宽1.6～2.7米，高2.8～4.9米。城墙的四角设有歇山重檐角楼。美岱召古建筑群坐北朝南沿中轴线布局，最南端城门入口处为歇山双层三檐门楼——泰和门，向北逐渐为大雄宝殿、琉璃殿，西侧有乃琼庙、佛爷府、西万佛殿、八角庙，东侧有太后庙和达赖庙。大雄宝殿建在1米高的台基上，台基南北长61.47米，东西宽40.7米，大雄宝殿面阔19米，进深43.6米，高17.5米，坐北朝南，重檐歇山顶，建筑为两层楼，由厅堂、经堂、佛殿三段式组成，是汉藏结合的藏传佛教建筑。

美岱召城墙

美岱召琉璃殿转角铺作

美岱召琉璃殿

美岱召乃琼殿

美岱召达赖殿

太后殿为明代建筑，为祭祀阿勒坦汗的三夫人（三娘子）筑此灵堂。三娘子主持封贡、互市有功，维护蒙明和好达四十年。

美岱召太后殿

五、包头梅力更召

建筑简介

内蒙古自治区重点文物保护单位梅力更召位于内蒙古包头市九原区。梅力更召建于清康熙十六年（1677年）。

梅力更召是内蒙古乌拉特草原上著名的藏传佛教格鲁派寺庙，为乌拉特三大名寺之一。梅力更召是全国唯一用蒙古语诵经的藏传佛教寺院，已经传承300多年，承载了民族地区的文化传承，是宝贵的民族文化遗产。

梅力更召于2006年9月4日，被内蒙古自治区人民政府公布为第四批自治区重点文物保护单位，以寺庙外围的石筑围墙，南至110国道，划定为保护区。现存建筑主要为清代所建，主要有护法殿、大雄宝殿、弥勒佛殿、大佛爷府、朝尔吉仓、舍利殿、活佛府、大甲巴、古新仓、西大喇嘛仓。

梅力更召鸟瞰

历史沿革

梅力更召位于内蒙古自治区包头市九原区阿嘎如泰苏木梅力更嘎查东北，为汉藏合璧式建筑群落，坐北朝南，依山而建，背靠乌拉山麓，占地面积约 24000 平方米。召庙始建于康熙十六年（1677 年），因第一位活佛法号“梅力更”而得名，俗称“梅力更召”。梅力更召原是乌拉特西公旗的旗庙，康熙四十一年（1702 年）御赐广法寺。迄今为止是全国极少数用蒙语诵经的黄教寺院之一，2011 年 5 月 23 日，“梅日更召信俗”入选第三批国家非物质文化遗产名录。

大佛爷府正殿正立面（左一）

西大喇嘛仓整体（左二）

朝尔吉仓正殿（右一）

活佛府正立面（右二）

舍利殿正立面（右三）

大雄宝殿与弥勒佛殿

建筑特征

大雄宝殿：始建于清康熙十六年（1677年），原名为“美岱庙”。大雄宝殿通面阔23.4米，通进深20.48米，坐落在东西约26米，南北约24米的台基之上。大雄宝殿为两层，建筑的制高点为12.7米，是汉式建筑和藏式建筑混合风格。

弥勒佛殿：墙体为藏式，殿顶为汉式宫殿顶。外墙镶有22个砖雕佛龛，佛龛内塑有佛像。佛殿平面为矩形，与前面的门廊形成了“凸”字形。殿内柱列网格状布置，为七开间，进深约为19.7米。召内最大佛像弥勒佛在此供奉，佛像高约13.5米。

大雄宝殿与弥勒佛殿侧立面

大雄宝殿正立面

护法殿：始建于康熙十六年（1677年），民国时重建。该建筑为藏式砖木结构，密肋平顶一层建筑，通面阔10.4米，通进深14.2米，建筑的制高点为8米，坐落在东西约10.5米，南北约16.7米的台基之上。

护法殿正立面

六、包头昆都仑召

建筑简介

昆都仑召，位于包头市昆都仑区卜汗图嘎查昆都仑河沟口西侧，故称昆都仑召。始建于清康熙二十六年（1687年），清雍正七年（1729年）建吉日嘎朗图庙。

该寺庙坐北朝南，现存建筑有大雄宝殿（朝克沁独贡）、小黄庙（吉日嘎朗图庙）、四大天王殿、度母殿、时轮殿、东西活佛府、王爷府和哈萨尔殿。哈萨尔殿现仍保留有祭奠成吉思汗胞弟哈萨尔的祭祀活动，且哈萨尔祭祀仪轨已被内蒙古自治区人民政府纳入自治区级非物质文化遗产。

近300年来，成为原乌拉特中公旗唯一一座保存较为完好的寺庙，并承载着丰厚的历史信息、久远的佛教文化。

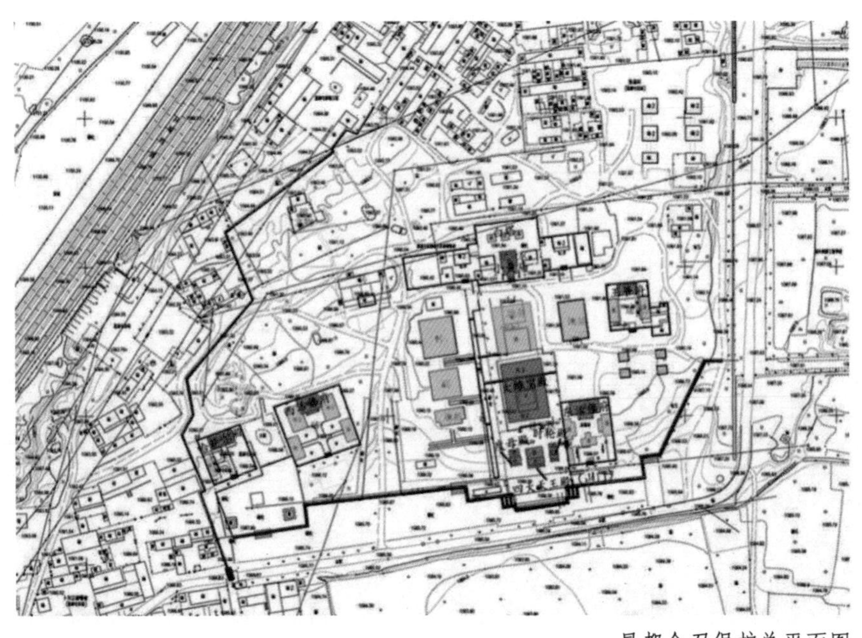

昆都仑召保护总平面图

大雄宝殿正立面

历史沿革

清康熙二十六年（1687年），修建“介仁布”小庙。

清雍正七年（1729年），新建吉日嘎朗图庙（小黄庙）。

清乾隆年间，甲木森桑布开始大兴土木，扩建昆都仑召。历经20余年建成殿宇楼阁23座，僧房和甲巴（后勤处）60余栋，白塔4座，占地160多亩。

东活佛府正殿正立面

建筑特征

现存建筑以四大天王殿、大雄宝殿（朝克沁独贡）、小黄庙（吉日嘎朗图庙）为中轴，天王殿左右配以度母殿和时轮殿，在中轴线两侧不规则辅以东西活佛府、王爷府、哈萨尔殿。

大雄宝殿（朝克沁独贡），位于四大天王殿之后，是昆都仑召中轴线上的第二处殿宇，纯藏式建筑形制，砖木混合结构，平面呈凹字形，布局为前经堂后佛殿式，经堂两层、佛殿三层。大殿面阔进深各 9 间，含明柱 61 根。

西活佛府正殿正立面

西活佛府正殿

四大天王殿，是昆都仑召中轴线最南端的一处殿宇，汉藏混合，藏式结构体系，前廊为汉式柱廊，前廊部分汉式歇山顶与建筑主体相接。砖木混合结构，平面呈长方形。

小黄庙（吉日嘎朗图），位于大雄宝殿北侧，是昆都仑召中轴线上的第三处殿宇，该殿宇为前经堂后佛殿式汉藏混合建筑形制，经堂是典型的藏式风格，其前配汉式抱厦门庭，佛殿是重檐歇山顶，瓦当横列、飞檐斗栱，为典型汉式建筑。小黄庙面阔16米、进深23米。

四大天王殿（左一）

小黄庙正立面（左二）

王爷府正殿正立面（左三）

哈萨尔殿正殿正立面（右一）

度母殿西南立面（右二）

时轮殿东立面（右三）

七、包头五当召

五当召全景

建筑简介

五当召，本名“巴达格尔召”，系藏语，意为“白莲花寺”，民间俗称“五当召”。其位于包头市东北约60公里处石拐区的吉忽伦图山。庙宇前面有峡谷。蒙语“五当”，意为“柳树”。寺庙始建于清乾隆初年，乾隆二十一年（1756年）清廷赐名“广觉寺”。后经多次扩建，成为内蒙古西部地区占地面积最大的喇嘛教寺院。五当召不仅是内蒙古地区最有影响的寺院之一，也是著名的喇嘛教学府。寺庙建筑至今保存完好，现为全国重点文物保护单位。

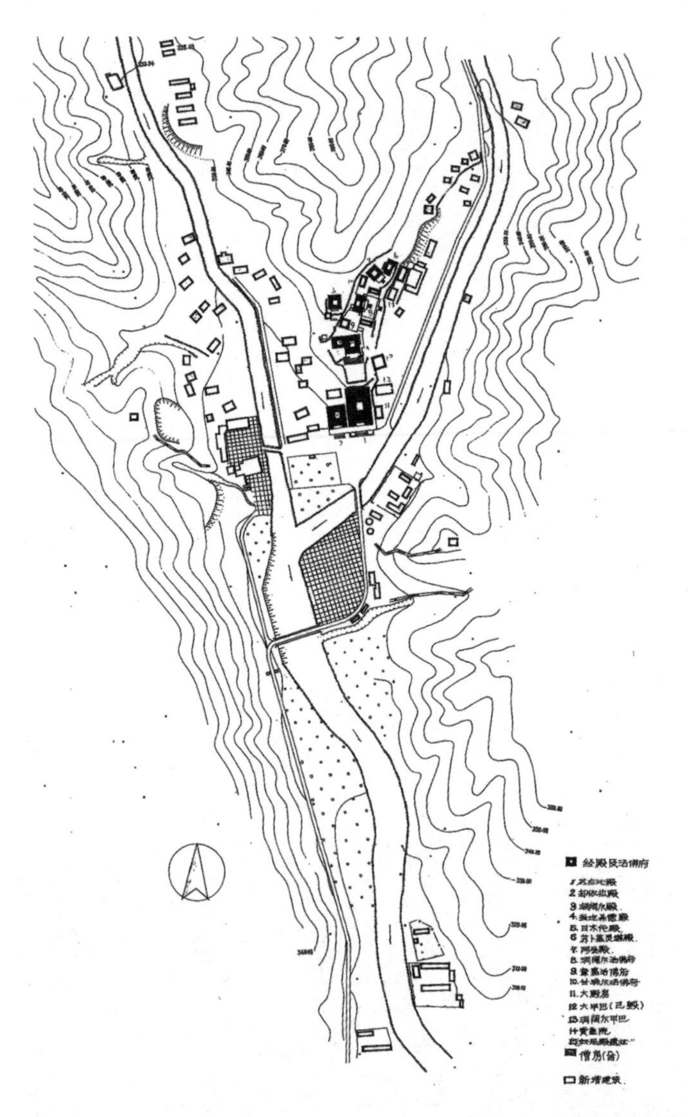

五当召平面图

五当召手绘图

五当召立面

建筑特征

五当召，占地面积约300余亩。建筑规模宏大。整个寺院坐落于吉忽伦图山麓，依山势而建，显得气势磅礴。五当召没有围墙院落的限制，寺院的建筑布局是以主要殿堂为主体的建筑群落组合而成。其殿宇、佛塔、僧舍等分布于山顶、山坡和山脚下，显得错落有致又和谐统一。殿宇、僧舍均为白色碉楼式的藏式建筑，是按照西藏地区的传统建筑形式，以土、石材料为主体筑成。其建筑结构简朴，独具特色。厚墙平顶，外形敦实，显得十分庄严。这种大规模纯藏式结构的建筑群体，是内蒙古现有的寺庙中独一无二的。

洞阔尔殿

苏古沁殿

现存建筑主要有：苏古沁独贡（佛殿）、却依拉独贡、洞阔尔独贡、当圪希德独贡、阿会独贡、日木伦独贡、洞阔尔活佛府、章嘉活佛府、甘珠尔瓦活佛府、苏卜盖陵堂。其中，苏古沁独贡是五当召规模最大的殿堂，面阔9间，进深15间，高达22米。前部经堂为两层，后部佛殿为三层，经堂内可容纳1000余人，是全寺喇嘛集会、诵经和存放佛经的地方。其殿门悬挂的"广觉寺"匾额，是由乾隆皇帝亲笔书写。

却依拉殿

当圪希德殿一

喇弥仁殿

当圪希德殿二

五当召窗

五当召硐房

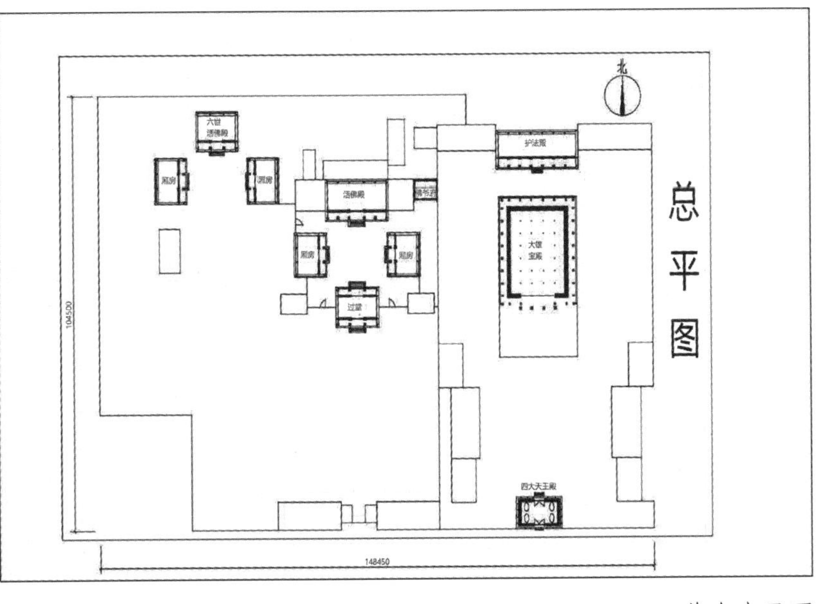

普会寺平面

建筑简介

普会寺，又称希拉穆仁召，位于达尔罕茂明安联合旗希拉穆仁苏木（乡）政府所在地，系席力图召4座属庙之一及避暑庙。清乾隆三十四年（1769年），清廷御赐满、蒙、汉、藏四体“普会寺”匾额。

清乾隆三十四年（1769年），时任呼和浩特掌印扎萨克达喇嘛的第六世席力图呼图克图阿格旺罗布桑达瓦以私财于归化城北150里处希拉穆仁之地新建寺庙，习称席力图希拉穆仁庙、北席力图召。寺庙为坐北面南三个紧密相连、东中西三个院落并列布局，其中大雄宝殿仿效西藏札什伦布寺而建。由席力图召管理并由主庙委派达喇嘛管理该庙。

普会寺

历史沿革

1769年，始建寺庙，由六世席力图活佛兴建，又称“北席力图召”。

1919年,该寺达喇嘛在庙中创办学堂,招收僧俗13名学生。

大雄宝殿西

大雄宝殿背立面

六世活佛供

建筑特征

寺庙建筑风格为汉藏结合式建筑，现存建筑主要有东院的天王殿、大雄宝殿、护法殿，中院的活佛府，西院的六世活佛供殿。东、中、西三个院落，各自有南北向的中轴线，建筑主次关系分明，中轴线之外采取对称布局。

普会寺反映了清代内蒙古漠南地区藏传佛教传播情况，为研究蒙古地区佛教提供了宝贵实物资料，是汉、蒙、藏文化相互接触、融合的产物。

大雄宝殿(东院主体建筑)：称作“大经堂”，为全召僧众集会诵经之所，进深26.4米，间宽19.5米，高40余米，位于东院天王殿之北，殿前平台面积较大，使大经堂建筑显得伟岸庄严。大经堂细分，前（南）部为诵经的经堂，建筑高为二层，面积较大，居后（北）部供佛像的地方称佛堂，建筑高为三层，面积较小，两者组合在一个整体之内，一大一小，此为内蒙古各召大殿建筑最常见的处理方法。

天王殿：东院最南端的建筑，当作山门。

护法殿：位于大雄宝殿之后。

活佛府：正房硬山五间前廊，顶有铜制的吉祥饰物，房内有活佛的一个席位、十六个喇嘛念经的坐榻。

六世活佛供堂：硬山三间有前廊，是为普会寺创立者六世席力图活佛而建造的，正房内供有六世活佛的真身。其遗体经盐腌制不腐，用泥与纸浆照本人形象裱塑于其外，表面涂成金色。

六世活佛供堂屋顶宝瓶（左一）

活佛府正面（左二）

天王殿正面（左三）

护法殿正面（左四）

九、赤峰真寂之寺石窟

建筑简介

真寂之寺石窟位于内蒙古自治区巴林左旗查干哈达苏木境内。俗称召庙，辽代早期佛教圣地。石窟开凿在桃石山陡崖上，分南中北 3 窟。

真寂之寺为我国已知仅存的一座辽代石窟寺，具有重要的历史、艺术价值。召庙（真寂之寺）即林东后召庙石窟寺，是巴林左旗的一大景点、全国重点文物保护单位，也是全国现存唯一一座辽代石窟古迹。

真寂之寺石窟石碑

真寂之寺石窟

建筑特征

中窟规模最大，又称涅槃洞，深5米，阔6.5米，高3米，中有释迦牟尼石雕卧像，身长3.7米，薄衣赤脚，瞑目，髻螺。头脚旁立菩萨各1尊，15名弟子肃立身旁，均作哀悼之状。壁面凿刻小佛像110尊，俗称千佛像。

南、北窟均阔5米，有天王、释迦牟尼、普贤、文殊菩萨像等，保存完好。

前往真寂之寺经过一个谷口，两侧山崖壁立。壁上雕有六字真言一组，字高约一米。山崖如门户对开，山体上浮雕天王。山坡上是完整的木构佛寺建筑。这是清代所修的善福寺，里面驻有喇嘛。石窟在佛殿的里面。石窟外面接筑木构佛殿，这也是辽代的常见做法，云冈辽代十寺便是如此。佛殿石窟外壁上密布千佛。主窟内为佛祖涅槃像，在卧佛周围围绕着菩萨和众弟子。

真寂之寺石窟彩画一

真寂之寺石窟室内

真寂之寺石窟台阶

真寂之寺石窟佛像

真寂之寺石窟彩画二

十、通辽吉祥天女神庙

建筑简介

吉祥天女神庙位于通辽市库伦旗库伦镇，嘛呢图河南岸，库伦镇中街南侧约150米处，始建于清顺治十二年（1655年），是清代内蒙古唯一政教合一的扎萨克喇嘛旗——库伦旗的藏传佛教寺庙，吉祥天女神庙占地面积约3436.31平方米，建筑面积299.25平方米。寺内主供吉祥天女，故称“吉祥天女神庙”。现保存正殿、东西配殿。吉祥天女神庙为第四批自治区重点文物保护单位。吉祥天女神庙各建筑尺度规整，装饰风格具有地域性和民族性，是政教合一文化背景下的多元文化接触、碰撞、融合的产物，为内蒙古东部地区藏传佛教研究提供了宝贵的实物资料。

天女神庙鸟瞰

历史沿革

顺治十二年（1655年），西布扎诺门汗提出辞呈，并举荐京师黄寺喇嘛晋巴扎木苏任锡勒图库伦札萨克达喇嘛。西布扎诺民汗卸职后仍留居锡勒图库伦，就在此时，他监造了吉祥天女庙，把一直供奉在身边的吉祥天女像安放于庙中，并立下了举办各种法会的规矩。从此，吉祥天女便成了锡勒图库伦的主神，备受人们崇信，来自四面八方的膜拜者时时不断。

顺治十四年（1657年）二月，西布扎诺民汗卒。按其遗愿，在吉祥天女庙院内西南角建造一座佛塔，称诺民汗塔，以示纪念。

新中国成立以后，20世纪50年代初至2002年，吉祥天女神庙用作库伦旗第一中学的教学办公室、学生教室、学生宿舍及化验室使用。

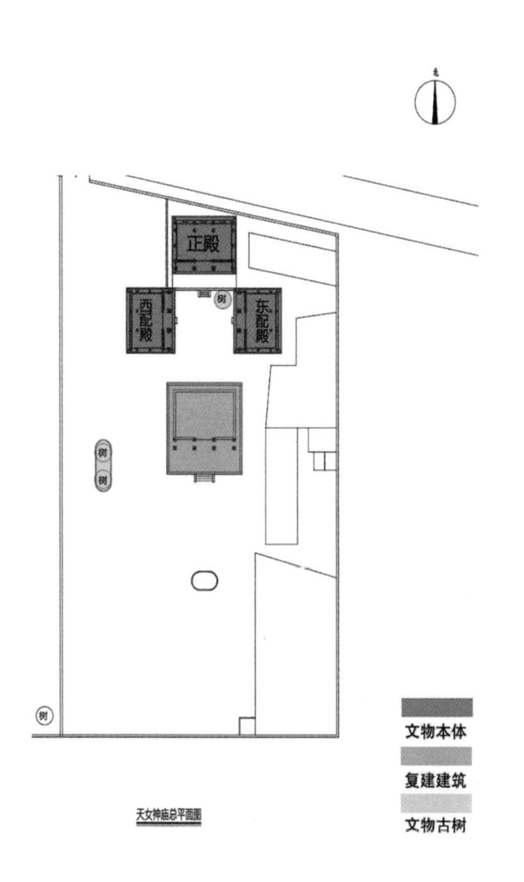

天女神庙总平面图

天女神庙正殿

建筑特征

吉祥天女神庙整体布局为坐北朝南，其建筑风格是汉、藏、蒙结合式。正殿为三间硬山式建筑，东西配殿均为各三间硬山式。

正殿：坐北朝南，为三开间七檩前廊抬梁式结构硬山建筑，前置月台，通面阔 10.5 米，通进深 7.75 米，建筑面积 110.96 平方米。殿内现供有吉祥天女神、绿度母、白度母、长寿佛、慈悲观音和关公的佛像。

东配殿为三开间七檩前廊抬梁式结构硬山建筑，通面阔 9.6 米，通进深 6.98 米，建筑面积 94.145 平方米，坐东朝西。殿内现供有十八罗汉佛像。

西配殿为三开间七檩前廊抬梁式结构硬山建筑，通面阔 9.6 米，通进深 6.98 米，建筑面积 94.145 平方米。坐西朝东，殿内现供有五大金刚佛像。

天女神庙东配殿

天女神庙西配殿

植于顺治十二年的古柏树

十一、锡林郭勒东乌珠穆沁旗新庙

东乌珠穆沁旗新庙原貌

建筑简介

东乌珠穆沁旗新庙位于内蒙古自治区锡林郭勒盟东乌珠穆沁旗道特淖尔镇。该寺原名“广普寺”，属密宗寺庙，清乾隆十年（1745年）始建于乌珠穆沁旗章古图，后又先后迁址包日勒吉、道特巴音胡硕，民国元年（1912年）迁至现址再建，故称“新庙”。

新庙是当时乌珠穆沁草原六座格鲁派寺庙之一。20世纪60至70年代，其他召庙相继毁废，新庙也遭到严重破坏，仅中心建筑大经堂（又称时轮殿）因作为军队仓库使用而得以幸存。1986年，地方政府将周边部分土地划归寺庙，增筑围墙，形成现今以时轮殿为中心，占地约6300平方米的院落。

东乌珠穆沁旗新庙时轮殿正面

历史沿革

新庙建成后承担了草原地区宗教和文化传播的社会功能，促进了当地的民族团结、社会稳定和文化交流。1931年九世班禅曾受邀至庙中弘法，十世班禅也曾为此庙题词“驱除黑暗的法轮洲”。东乌珠穆沁旗新庙时轮殿建筑风格汉藏结合，尤以藏式风格强烈，是乌珠穆沁草原保存藏式风格最显明的宗教建筑，具有重要的文物价值。

东乌珠穆沁旗新庙现状全景

东乌珠穆沁旗新庙时轮殿上层歇山建筑

东乌珠穆沁旗新庙时轮殿侧面

东乌珠穆沁旗新庙时轮殿背面

建筑特征

时轮殿为两层建筑，正南向，建筑面积510平方米，兼具汉藏风格。整座时轮殿汉藏风格各自彰显，又和谐统一。

一层殿身主体为藏式密梁平顶建筑，面阔七间，进深六间，殿内满堂柱做法，柱子形制为典型的藏式方柱，柱头上安装垫木和弓木构成巨大的雀替承托梁桁。柱上彩绘垂帐。雀替雕饰卷云、宝珠等纹饰，雀替施朱色地，卷云、宝珠等雕饰施蓝彩，显示出鲜明的藏式彩画风格。殿内壁面绘多幅佛像壁画。主殿屋面平顶，屋顶四周做女儿墙。

主殿建筑正面加筑硬山式抱厦，面阔三间，进深四椽，藏式柱头与汉式屋顶结合，独居特色。抱厦前檐不施门窗装修，作用类似于前廊。

上层建筑为面阔进深各三间的歇山顶建筑，坐落在一层屋顶正中，周围形成一周平台。檐下及殿内彩画均采汉用式建筑风格。

东乌珠穆沁旗新庙时轮殿抱厦细部

东乌珠穆沁旗新庙时轮殿抱厦

东乌珠穆沁旗新庙时轮殿壁画

东乌珠穆沁旗新庙时轮殿主殿内部

十二、锡林郭勒杨都庙

建筑简介

内蒙古自治区重点文物保护单位杨都庙位于内蒙古锡林郭勒盟阿巴嘎旗。杨都庙是内蒙古草原深处的一座重要的藏传佛教寺庙，建于清同治三年（1864 年）。建筑群整体规模宏大，建筑风格采用汉、藏两种方式，融汉、蒙、藏文化于一体，是藏传佛教建筑技术与艺术的结晶。从其布局、材料、结构等均反映了清代蒙古地区的建筑科技发展水平和生产力水平，具有较高的历史、科学、社会文化价值，体现了蒙藏两大民族的文化交流，为第四批内蒙古自治区级文物保护单位。

历史沿革

清同治三年（1864 年），阿巴嘎左旗札萨克王爷在杨都巴嘎会附近建却日庙，即为后来的杨都庙。当时清廷赐名“施善寺”。

民国 10 年（1921 年），杨都庙扩建，1923 年完工，建成共计 13 座大殿。新建杨都庙主殿为朝格钦殿，后建有召庙，两边各建有 1 处庙宇，主庙前方、大门两侧有钟鼓楼、满汗仁兹庙（金刚庙）等。

1930 年，杨都庙成为锡林郭勒盟五部十旗会盟的胜地，杨都庙三大殿保存着各种铜、银制的佛像、祭品、乐器共一千多件，还有全套的藏文《甘珠尔经》《丹珠尔经》。

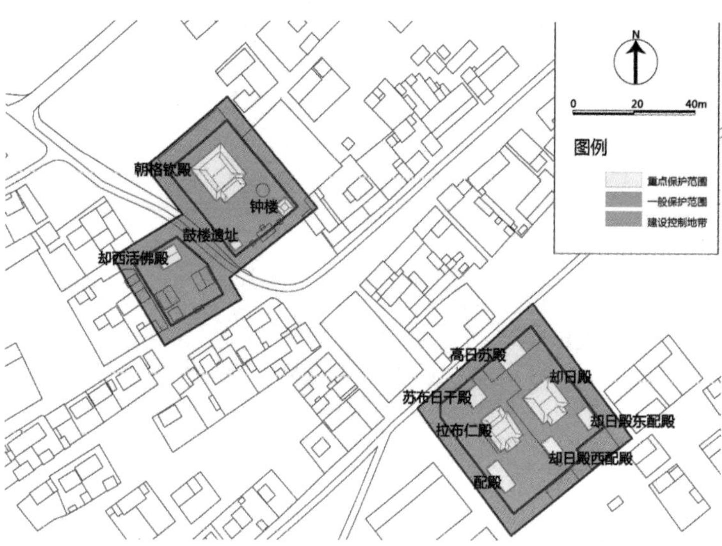

杨都庙总平面图

杨都庙全景鸟瞰

杨都庙拉布仁殿、却日殿鸟瞰

杨都庙朝格钦殿鸟瞰

建筑特征

杨都庙由大庙、小庙和却日殿三部分组成。大庙建筑面积449.44平方米，呈正方形，分上下两层，灰色砖瓦结构，庙内保存着各种铜、银制佛像、祭品、乐器等共1000多种，还有珍品藏经等。杨都庙为第四批内蒙古自治区级文物保护单位，总占地面积约7533平方米。

杨都庙建筑群在20世纪60年代遭到破坏和拆毁，现仅保留文物建筑八座，分别为朝格钦殿、拉布仁殿、却日殿、苏布日干殿、高日苏殿、却西活佛殿、却日殿东西配殿、拉布仁殿西配殿。此外，尚有钟楼、鼓楼等建筑遗迹，寺庙内还保存有大量壁画、彩画。其中朝格钦殿建于1921年，为杨都庙现存规模最大的建筑，砖木结构，重檐歇山前出卷棚抱厦。建筑坐北朝南，平面呈“凸”字形，面阔7间，进深7间。其余建筑均于同治三年建造。

杨都庙朝格钦殿正立面（左一）

杨都庙拉布仁殿正立面（左二）

杨都庙拉布仁殿抱厦细部（左三）

杨都庙石雕一

杨都庙石雕二

第四篇

汉传佛教建筑

一、呼和浩特万部华严经塔

建筑简介

作为呼和浩特辽代楼阁式古塔的代表，万部华严经塔有着不可比拟的地位。万部华严经塔位于内蒙古呼和浩特市赛罕区太平庄乡白塔村西南，辽西京丰州故城的西北隅，原属丰州宣教寺。因为塔身涂有一层白垩土，在阳光的照射下格外耀眼，所以俗称白塔。

万部华严经塔因为塔内部秘藏了万部佛教华严宗主要经典而出名。关于万部华严经塔的建筑年代，史料缺乏记载，而且史学界也对塔的建造年代没有明确的定论。有辽应历年之说，有建造于辽圣宗时之说，在《归绥县志》中就有记载："传辽圣时（公元 983 ~ 1031 年）"，但是也不是确切说明，此外也有说建于辽中、晚期。

万部华严经塔是一座八角楼阁式佛塔，层高为单数七级。万部华严经塔主要由四部分组成，分别为塔基、塔身、塔檐、塔刹。造型壮美端庄，继承了唐代建筑那种浑厚、雄壮的作风。塔不仅表面饰有丰富的浮雕造像，塔内部墙壁上还刻有大量的金、元、明各代游人题记和碑铭。

万部华严经塔老照片

万部华严经塔

建筑特征

万部华严经塔各层直径收分甚微，大致相等。每一层都是相对独立的空间，每层中间位置有梯道，各层以阶梯相连。阶梯可从一层攀登至七层，而且除了第一层和第二层间为单路阶梯，其余各层之间均为双路阶梯。塔整体造型挺拔俊秀、宏伟壮观，一二层塔壁上刻有娴熟精美的砖雕造像，将建筑的造型与雕刻的艺术完美结合，是辽代楼阁式塔的典型代表。

塔基建筑形制遵循辽代佛塔特点，台基由台明和基座两部分组成。基座平面呈八角形，塔基由下到上依次为圭脚、双层须弥座、基座铺作、勾栏华版、束腰、三层仰莲台。每边由蜀柱分隔为四间，柱头、柱身和柱础皆平素无华，无雕刻花纹，每间内有壶门呈覆莲形，每层须弥座有壶门 32 座。两层共有 64 座。须弥座上置平座铺作，平座铺作为仿木结构的砖雕形制，每面转角有铺作两朵，补间铺作三朵，均为双抄五铺作。基座铺作承挑砖砌钩阑华板。

万部华严经塔保护标志

万部华严经塔蒙文保护标志拓片

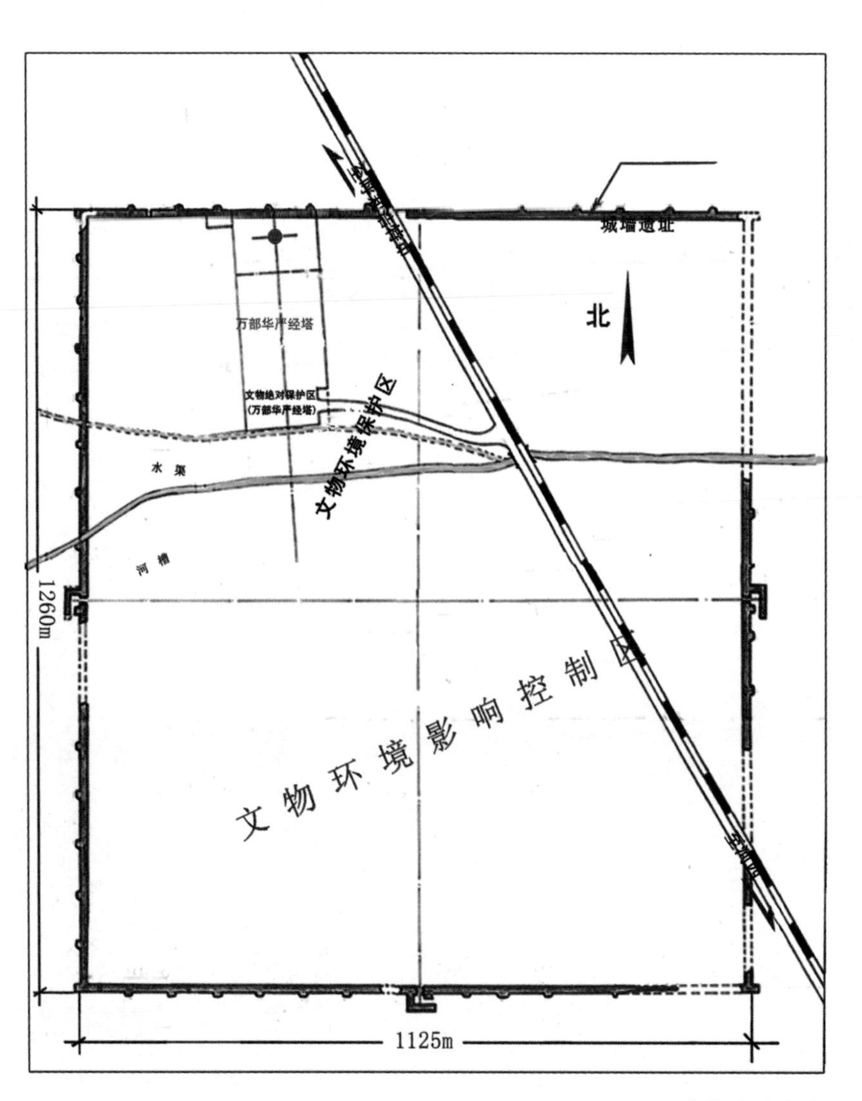

丰州古城遗址图

万部华严经塔立面图

万部华严经塔塔身秀丽，通体呈白色，层高七级，每层都由平座、塔身、塔檐三部分构成。

万部华严经塔为七层塔檐且构造做法均相同，均是在撩檐枋上部设置自塔体内水平挑出的木构椽、飞挑出的椽飞上再施以叠涩。万部华严经塔不仅外立面丰富多彩，富有特点，内部结构形式更是独具风格。万部华严经塔平面形式为“双层套筒式”。分为内外两槽，外檐每面为三间，内槽每面为一间。在内槽内设置梯道，外槽是人们活动的地方。

万部华严经塔塔身一

万部华严经塔塔身二

万部华严经塔塔刹

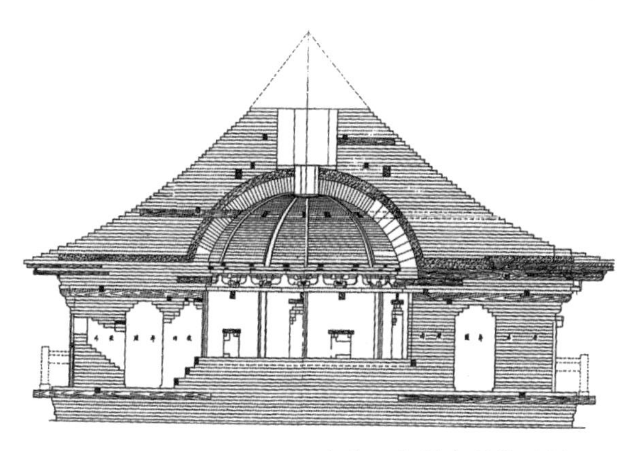

万部华严经塔七层塔顶剖面图

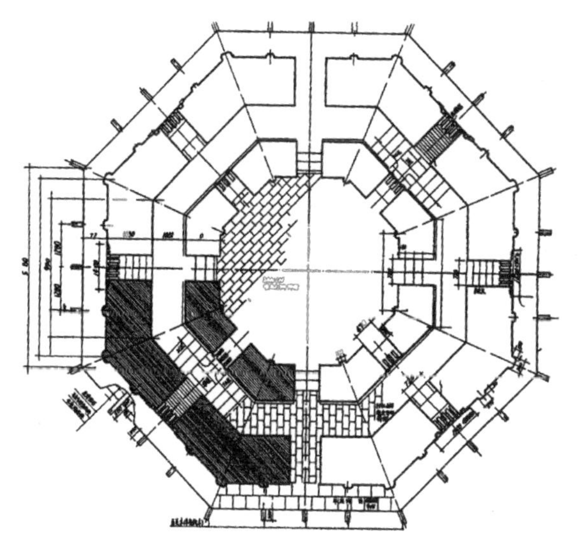

万部华严经塔第七层塔体平面图

万部华严经塔塔身平座铺作

万部华严经塔二层平座外檐铺作

万部华严经塔仰莲基座

万部华严经塔基座局部

二、赤峰宁城大明塔

建筑简介

大明塔位于内蒙古自治区赤峰市宁城县天义镇南城村辽中京遗址内，距赤峰120余公里，距宁城县天义镇20多公里。大明塔被认为建于辽统和二十五年到寿昌四年（1007～1098年）间，为八角形十三层密檐式砖石实心塔，塔高80.22米。

1961年同辽中京遗址一起被国务院列为国家重点文物保护单位。

建筑特征

辽中京大明塔为八角形十三层密檐式实心塔，塔身由台基、塔基、塔身、塔檐、塔刹组成，台基“起高台而为之”，其目的就是用以承托塔的基座部分，一般台基是塔的最下部分，但大明塔的台基之下形成一周宽5.23米的台明。台明上还设有三层阶基，台明下为八级台阶，供人靠近塔身。台基之上为八边形须弥座，上砌出仰莲座，承托粗壮高大的塔身，是典型的“宋式须弥座”，高7.75米。

塔身坐落在须弥座与莲花座组成的基座上，高12.25米，塔身八面，每一面边长10.23米，为该塔主体部分。塔身八面每一面正中间都砌筑有7.63米高的佛龛，龛内供奉不同佛像。塔身八面每面转角处设有一根八角形经幢式角柱，幢身分为上下两层，上层刻有汉字为 “八大灵塔”的名称，下层为菩萨名称，整个塔身就是“莲花座上供菩萨”之形式。塔檐起自塔身的普拍枋之上，第一层称作塔檐，自二层以上的塔檐称作腰檐。每一层腰檐代表一层塔，十三层檐代表十三层密檐塔。

塔刹早期失存，现存塔刹为后期补修，高9.94米，为小型八角实心藏式喇嘛塔。

宁城大明塔鸟瞰

宁城大明塔立面

宁城大明塔塔身雕饰

宁城大明塔斗栱一

宁城大明塔斗栱二

宁城大明塔斗栱三

宁城大明塔塔身雕饰一

宁城大明塔塔身雕饰二

三、乌兰察布丰镇金龙大王庙

金龙大王庙吕祖殿和望海楼一

金龙大王庙吕祖殿和望海楼二

建筑简介

位于乌兰察布市丰镇城关镇东北飞来峰山，西距城区约1公里。庙宇始建于清乾隆年间，嘉庆十九年（1814年）重修后始成规模。庙宇因祭祀金龙大王而得名。现为内蒙古自治区重点文物保护单位。

金龙大王庙，为汉式建筑，依山势布局，形成三重院落，占地面积约900平方米。现除庙门及泥塑、壁画、碑刻被毁外，其他建筑基本保存完整。现存建筑有大殿三楹、寝殿三楹、西亭、配殿、厢房等17间，建筑面积约380平方米。

寺院前原有一石柱，径逾尺半，高约3尺，呈八棱状，周围有文字，上有盖顶，状似经幢，人称“雨磨”。

金龙大王庙望海楼侧立面一

金龙大王庙望海楼侧立面二

金龙大王庙大殿

建筑特征

据史籍载：该庙初建时，位于今庙后侧，有小祠，祭祀金龙大王。清嘉庆年间重修，移于现址飞来峰山巅，建大殿三楹，寝宫三楹。后重修时又陆续增建望海楼、牌坊、腰房、厨房、保婴圣母祠、增福财神祠等，建筑面积达1000平方米。整座大王庙筑于一座孤立的小山峰上，依山面水，居高耸立，视野开阔。

金龙大王庙云门

金龙大王庙望海楼檐下

金龙大王庙西侧垛殿

金龙大王庙彩画

第五篇

道教建筑

一、呼和浩特关帝庙

呼和浩特关帝庙院落

呼和浩特关帝庙

建筑简介

始建于明代，清乾隆四十七年（1782年）由山西旅居归化城的商界社团重修。住店面阔五间。抱厦三间，雕饰精细，结构完整。为归化城内现存唯一的一座关帝庙。

原址在旧城南茶坊街，2000年4月迁至呼和浩特市明清建筑博览园。

呼和浩特关帝庙细部一

呼和浩特关帝庙细部二

呼和浩特关帝庙抱厦卷棚屋顶

呼和浩特关帝庙角梁及走兽

呼和浩特关帝庙彩画

呼和浩特关帝庙宝瓶

二、呼和浩特鲁班庙

建筑简介

由归化城晋商组织修建。正殿为前卷后殿式，并合理地借鉴了江南柱下端防潮加磸法。精美的壁画和柱头泥塑在当时建筑上也是鲜见和珍稀的。

原址在南茶坊，2000 年 5 月迁至呼和浩特市明清建筑博览园。

鲁班庙正立面

鲁班庙宝瓶

鲁班庙侧立面

鲁班庙前卷后殿式

鲁班庙走兽

鲁班庙角梁

鲁班庙梁柱结构

鲁班庙柱头泥塑

三、呼和浩特费公祠

建筑简介

原址位于呼和浩特市玉泉区玉泉二巷。始建于清康熙三十七年（1698年）。由归化城商民为清代将军费扬古兴建。

费公祠坐北向南，为四合院形式，主要建筑有大门、正殿、东西厢房等。正殿三间，硬山式建筑，檐下均施斗栱，栱间木构及柱头龙饰较为精美，部分建筑尚保存完整。

该建筑于20世纪90年代，因城市街区改造，整体搬迁，异地保护。现已迁至呼和浩特市土默特左旗台阁牧镇明清建筑博览园。

费公祠正立面

费公祠侧立面

费公祠前廊

历史沿革

据史料记载：费扬古，满洲正白旗人，三等伯，以平三藩功，领侍卫内大臣，列议政大臣。清康熙二十九年（1690 年）从征噶尔丹；三十二年，授安北将军，驻归化城；三十四年，授右卫将军，兼摄归化城将军事，寻授抚远大将军。

清康熙三十五年（1696 年）二月，康熙帝亲征噶尔丹，以费扬古统领满蒙汉兵为西路，出归化城，至昭莫多与噶尔丹激战竟日歼其大部，噶尔丹仅以数骑遁。费扬古奉命驻喀尔喀追剿，噶尔丹势穷，饮毒自尽。师还论赏，进一等公。其时，归化城商民苦于驻军强掠货物，费扬古至归化城后，力除其弊。康熙三十七年，还师，城内商民为其建生祠。至其卒，即塑像以祀。丹津，齐布森，松筠并附祀于此。

费公祠背立面

费公祠门

费公祠梁柱一

费公祠梁柱二

四、包头南龙王庙

建筑简介

南龙王庙位于包头市东河区东门大街旧东门里，始建于清康熙五年（1666年）之前，宗教建筑群，2006年5月25日由内蒙古自治区人民政府公布为第四批内蒙古自治区文物保护单位。

建筑现状

建筑坐北朝南，青砖灰瓦，院落基本呈方形。正殿居北，硬山顶，面阔5间，前带有卷棚歇山顶抱厦。东西两厢有禅房，均为单坡顶，前有廊，南北带有耳房，且南耳房进深略大于北耳房。西禅房面阔3间，其北耳房面阔2间，南耳房面阔2间。东禅房面阔3间，其北耳房面阔4间，南耳房面阔2间。山门在南，为硬山顶。

南龙王庙

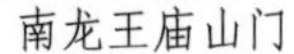

南龙王庙山门

南龙王庙山门正立面

历史沿革

康熙五年（1666 年）之前，土默特蒙古人在现在南龙王庙的位置修建了一座龙王庙，规模很小，只是一间小庙。

乾隆年间，由于前来垦殖的汉人增多，农业对司水之神的敬畏，龙王庙得到扩建，有了禅房、钟鼓楼、戏楼等，南龙王庙的规模基本形成。

道光十三年（1833 年），南龙王庙或许经过一次大修。

光绪元年（1875 年），南龙王庙再次大修，有正殿、两厢禅房、山门、钟鼓楼以及戏台。庙中主供龙王。庙旁有二三亩庙园地，收入供庙中僧人食用。

光绪三十年（1904 年），在南龙王庙成立第三初等小学。新中国成立后，南龙王庙被一家橡胶企业占用。如今企业已搬迁，寺庙陆续得到修复。

南龙王庙新建钟楼

南龙王庙新建硬山顶小门

南龙王庙正殿

五、包头小场圐圙关帝庙

建筑简介

小场圐圙关帝庙位于包头市土默特右旗萨拉齐镇小场圐圙村东南，建于清康熙二十四年（1685 年），属于宗教建筑。

2010 年 6 月 3 日由包头市人民政府公布为第三批包头市文物保护单位。

小场圐圙关帝庙

小场圐圙关帝庙正殿

小场圐圙关帝庙正殿正立面

小场圐圙关帝庙正殿侧立面

小场圐圙关帝庙正殿北立面

建筑特征

该庙坐北朝南，沿中轴线布局，原由戏台、山门、东西配殿和正殿组成，20世纪60年代遭严重破坏，山门、东西配殿和戏台俱消失，后维修了正殿，建起围墙。目前该庙由村民集体管理和使用，庙院东西长21米，南北宽42米，占地882米，只有正殿为文物建筑。正殿保存基本完好，为硬山式，面阔三间，两侧耳房各一间，均为硬山式建筑。于院落南墙正中新修硬山式两扇红漆木板门，门东开辟月亮偏门。庙内现生长着榆树数株。

小场圐圙关帝庙正殿彩画

小场圐圙关帝庙山门

小场圐圙关帝庙耳房

小场圐圙关帝庙侧殿

小场圐圙关帝庙耳房天王图

吕祖庙大雄宝殿

吕祖庙天王殿

建筑简介

妙法禅寺位于包头市东河区西北梁上，是内蒙古地区最著名的汉传佛教古寺，由续州法师建于清朝成丰末年，同治五年(1866年)扩建，奠定了规模。妙法禅寺又名“吕祖庙”，是东河区北梁开发区的龙头寺庙，它的周围汇集着基督教堂、天主教堂、伊斯兰教堂等宗教场所，占据着绝佳的风水宝地。妙法禅寺现有山门、天王殿、吕祖殿、大雄宝殿、观音殿、功德堂、地藏殿、祖师殿、禅堂和千佛殿等，其中吕祖殿是清朝修建时遗留下来的建筑。众多殿堂中最具特色的要数南院的千佛殿，大殿气势恢宏，空灵肃穆，殿内有近千尊的悬雕佛像，堪称一绝。这里香客往来不绝，古老的寺庙与今日的商业街区和谐并存。

吕祖庙吕祖殿一

吕祖庙吕祖殿二

建筑特征

吕祖殿的正后方就是妙法禅寺的主体建筑大雄宝殿。大雄宝殿是寺院建筑的主体部分。大雄宝殿又称佛宝殿、正殿、大殿。“大雄，以佛具智德，能破微细深悲称大雄，大者，包含万有；雄者，摄伏群魔；宝者，乃三宝也，皆归此殿传持正法，我佛威力，雄镇大千也。”殿中立供的佛像有一、三、五、七尊四种。供一尊主佛的为释迦牟尼佛，如杭州灵隐寺、上海龙华寺。殿内居中为娑婆世界的释迦牟尼，左侧为东方净琉璃世界的药师佛，右侧为西方极乐世界的阿弥陀佛。有的供“竖三世佛”，这里三世是指过去、现在、未来三世。殿内居中为现在世释迦佛，左侧为过去世燃灯佛，右侧为未来世弥勒佛。

“大雄宝殿的主尊两侧，常有‘胁侍’，即左右近侍。释迦牟尼的胁侍，一般是伽叶和阿难两弟子或文殊、普贤两菩萨。阿弥陀佛的左右胁侍为观世音、大势至两菩萨；药师佛的胁侍是日光和月光两菩萨。这种习惯的格局称为‘一佛两罗汉’或‘一佛两弟子’。”吕祖庙的大雄宝殿歇山式二重檐建筑，586 平方米吕祖庙的大雄宝殿建在高高的台基上，四周有石雕栏杆围绕，大殿宽七间，进深五间。殿中央供奉着三尊大佛，中间是释迦佛牟尼佛，两边分别是东方药师佛和西方阿弥陀佛。佛像通高四米，坐在六角形莲台上，面部神情安详，双目修长，俯视，两耳下垂。佛像全身装金，更显得金碧辉煌，肃穆庄严。大殿两旁，是二十诸天像。

吕祖庙鼓楼

吕祖庙玉皇宝殿

吕祖庙福德门

吕祖庙五百罗汉殿

七、锡林郭勒多伦碧霞宫

建筑简介

碧霞宫俗称娘娘庙，又称泰山庙，建于清乾隆四年（1739年）位于多伦县城东盛大街中段。

碧霞宫是一座典型的“坐西朝东”的汉族传统道教宫观，占地面积600余平方米，主要建筑有大殿一座，神像殿八间，钟鼓楼各一座，牌楼一座，三层警钟楼一座，碧霞宫整体建筑集中紧凑，院内古树参天，庄严肃穆。碧霞宫大殿为砖木结构，呈“凸”字形，大殿正面供奉着云霄、琼宵、碧霄三娘子。

多伦碧霞宫供奉的主尊为天仙碧霞元君，全称为“东岳泰山天仙玉女碧霞元君”，是汉族神话传说中的主宰生育的女神，其两侧分别供奉着地仙佩霞元君和水仙紫霞元君，因为“碧霞”、“佩霞”、“紫霞”三位神仙都是主宰生育的女神，因此多伦碧霞宫也称为“天母寺”或“娘娘庙”。

多轮碧霞宫大殿正立面

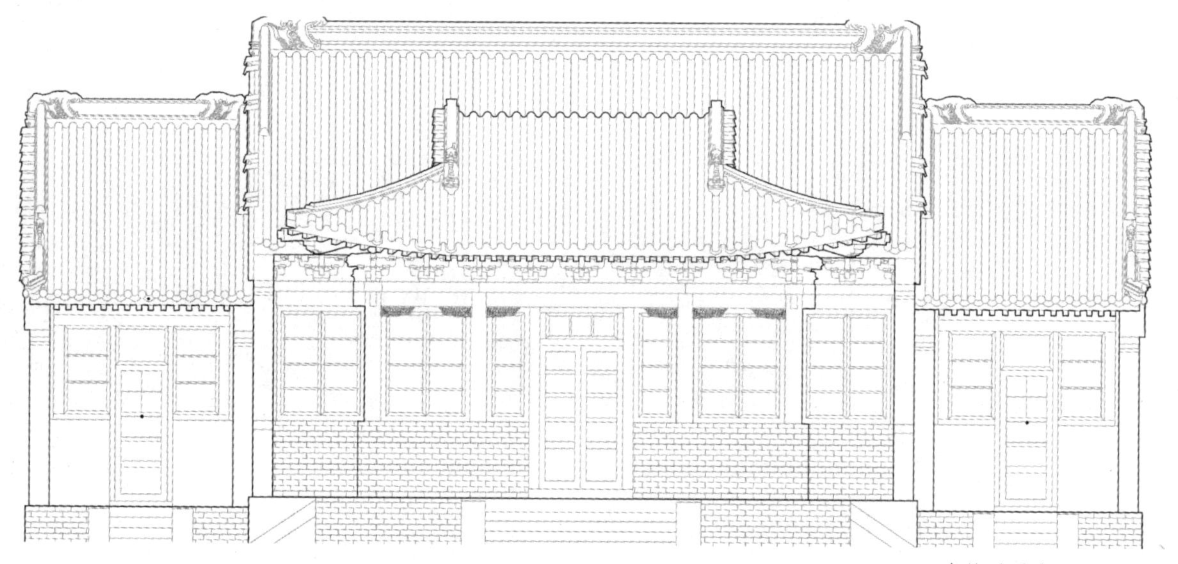

多轮碧霞宫大殿正立面图

历史沿革

20世纪60年代，牌楼、山门、钟鼓楼被拆除。现存较为完整的有正大殿、两侧偏殿和南北配殿等建筑。

1987年被列为县级重点文物保护单位。

建筑特征

正殿，平面为“凸”字形，为硬山前出歇山卷棚顶抱厦，抱厦斗栱为三踩单翘，左右两侧各有一间硬山顶小耳房。殿内壁画已毁，彩画保存尚好。

南北配殿，面宽三间，进深一间，五檩小式前檐廊硬山布瓦顶。

在配殿西侧各有一面宽两间的配房，配房面宽两间，进深一间，五檩小式卷棚布瓦顶。

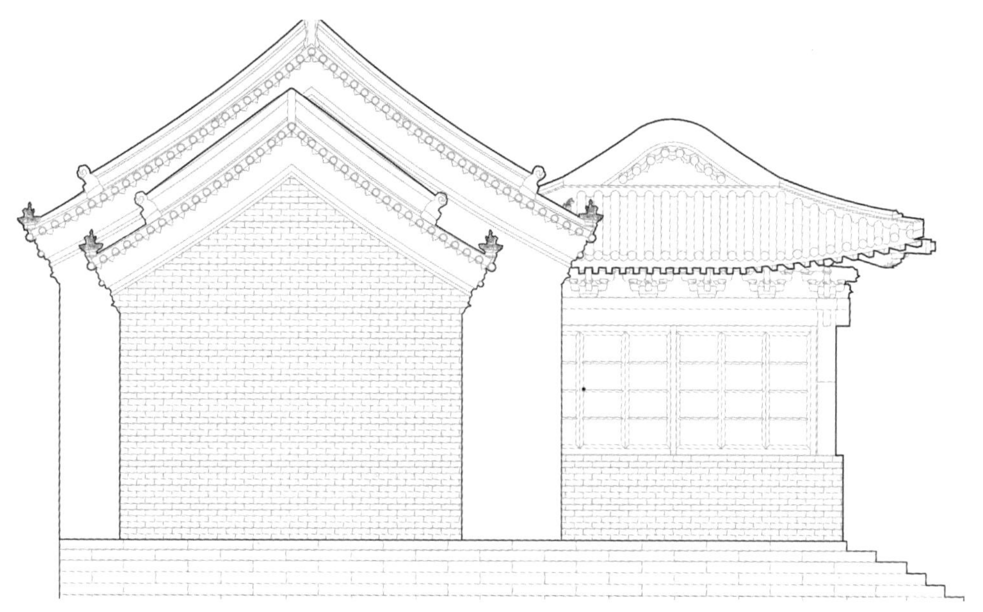

多轮碧霞宫大殿侧立面图

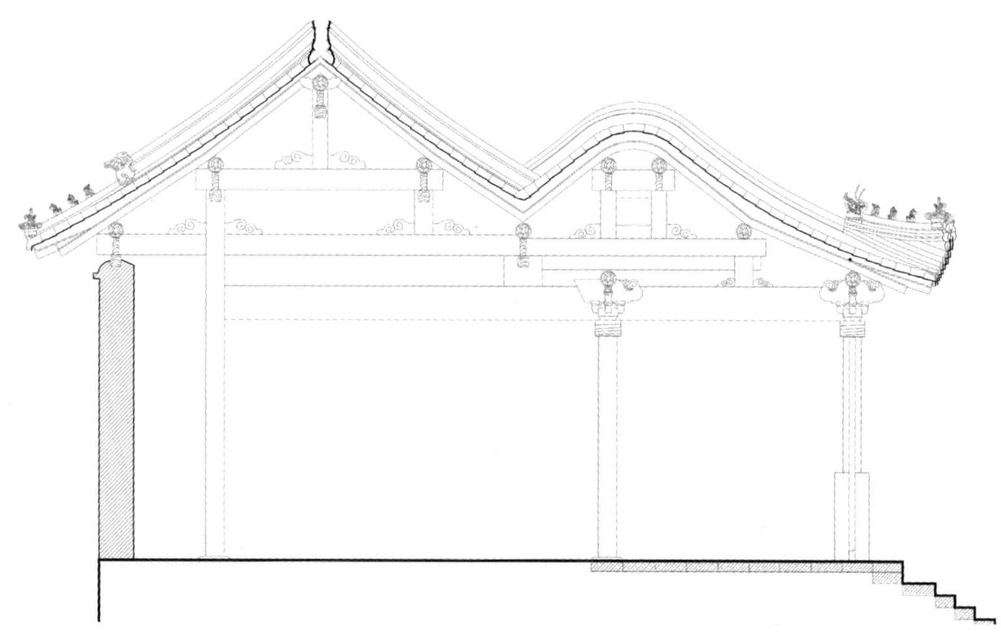

多轮碧霞宫大殿剖面图

多轮碧霞宫山门

多轮碧霞宫护法殿

多轮碧霞宫鼓楼

多轮碧霞宫大殿彩画

多轮碧霞宫大殿斗栱

第六篇

伊斯兰教建筑

一、呼和浩特清真大寺

建筑简介

位于呼和浩特市回民区通道南街东侧，始建于清康熙年间，乾隆五十四年（1789 年）增建大殿、讲堂等。后又经清代，民国年间多次扩建，始成规模。该寺整体建筑错落有致，既有中国汉式古典建筑风格，又兼伊斯兰教装饰特色，是呼和浩特地区历史最久、规模最大的一座伊斯兰教寺院。寺院建筑至今保存完好。现为全国重点文物保护单位。

清真大寺历经三百余年，曾保留过不少反映当地回族发展的历史资料、实物。但大部分均已流失，现仅存阿拉伯文经书三十余册及石碑七通，保存尚好。

清真大寺牌楼

礼拜殿正立面

清真大寺窗

清真大寺礼拜堂屋顶

礼拜殿正立面图

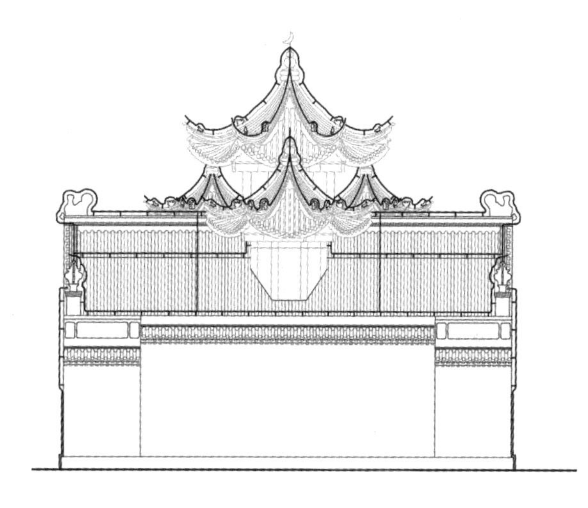

礼拜殿背立面图

历史沿革

经过乾隆五十四年（1789 年）扩建，清真寺初具规模。在其后一百多年的时间里，清真寺先后有过五次较大修缮。同治八年（1869 年），重修了南北讲堂。光绪十八年（1892 年）又建山门一座。民国 12 年（1923 年），回族民众共同捐资再次重修大寺。民国 28 年（1939 年），又兴建望月楼一座。此后，清真大寺的建筑再无大的改动。

清真大寺副大殿

清真大寺副大殿屋顶细部一

清真大寺副大殿屋顶细部二

清真大寺教长室

清真大寺副教长室

清真大寺碑亭

建筑特征

寺院坐东向西。占地面积约4000平方米，为一古朴、精巧的院落建筑。现存山门、大殿、南北讲堂、沐浴房、望月楼、碑亭、过厅等建筑。寺门坐东向西，为三间，正上方悬有“清真大寺”匾额，为清光绪十六年（1890年）题。两侧分挂“国泰”、“民安”匾。正门两侧有旁门，进入寺门，面对礼拜大殿的后墙，中间上方镌刻“认主独一”四个大字，下方分别刻有“见性”、“正心”、“诚意”、“修身”、“明心”十字，为清代绥远都统马福祥题字。

沿大殿两侧进入寺院。大殿南侧设有碑廊，存碑七通。大殿为清真大寺的主体建筑，坐西向东。占地面积约500平方米。地基高约1米，长26.5米，宽16.5米。殿前建有月台，正门朝东，有拱门三座，上均刻阿拉伯文及砖雕花卉。殿顶有五座六角飞檐式顶楼，象征伊斯兰教的“五大天命”。殿顶四角与门顶处，有镂空花卉雕刻，既精巧细致、又独具风格。整个殿顶错落有致，起伏变化，极具特色。大殿内宽敞明亮，可容五百人礼拜。殿宇穹庐由16根厅柱支撑，殿内雕梁画栋，装饰绘画，绚丽多彩。

大殿前正东有过厅，两侧为讲堂，北侧内院有沐浴室，南侧建有望月楼。望月楼，通高约36米，为四层，六棱体塔形建筑。塔身以阿文和汉文两种文字书写“望月楼”三字。上为六角攒尖顶，顶端饰一弯新月，为清真寺的独特标志。楼内有78级梯道，盘旋而上可直达凉亭望月台，望月台周设有护栏，空间可供人眺望观景。

从清真大寺广场望望月楼

从清真大寺入口处望望月楼

清真大寺望月楼

清真大寺海力凡教室

清真大寺望月楼

二、赤峰清真北大寺

建筑简介

全国重点文物保护单位——赤峰清真北大寺，位于内蒙古赤峰市红山区步行街北路西。始建于乾隆四年（1739年）。

历史沿革

赤峰清真北大寺最初仅建土房五间（大殿三间，淋浴室和教长室各一间）。乾隆八年（1743年），马汾乡老发起改建清真北寺，推举一位阿訇和若干名乡老到各地募捐“写钱粮”。最远到过新疆等地，马汾乡老除添补经费不足外，又亲赴奉天（今沈阳）请来曾建筑奉天南寺的工匠设计、施工，故赤峰清真北寺与沈阳南寺形制相同。

赤峰清真寺鸟瞰

赤峰清真寺山门

赤峰清真寺后窑殿一

赤峰清真寺后窑殿二

建筑特征

赤峰清真北寺采用中国寺院的完整布局，运用中国传统的四合院制度，占地面积约3000平方米，寺院内形成一个紧凑适用的建筑群，采用中国寺院的完整布局，由山门、双边门、正殿、窑殿、宝厦、望月楼、南北讲经堂以及沐浴室组成。

建筑布局采用中国传统的中轴线形式。位于中轴线最前端建山门，含左右耳房通面阔三间，大木单檐硬山式，耳房内立石碑两块，碑文记载建寺情况，山门前左右分立高大的石构抱鼓石，山门后置照壁。

赤峰清真北大寺位于中央轴线上的各主要殿堂建筑，形成前廊抱厦，中礼拜殿、后窑殿（邦克楼），呈高台基、规制逐渐增高的梯次式，三跨勾连搭建组合在一起做纵深配置，极具伊斯兰教建筑的显著风格特点。

在殿堂建筑的装饰上，以几何纹、植物纹及阿文文字图案为主，为了突出这些图案的特点，多采用平面化装饰手法，少见立体高浮雕手法，富有生活气息，充分体现清代伊斯兰教建筑传统的地方工艺技术。如：抱厦、礼拜殿和后窑殿（邦克楼）的清官式绘术、新疆石膏塑制艺术、河州的砖石雕刻艺术等，都体现了这座回族建筑浓烈而辉煌的民族艺术特色。

赤峰清真寺梁架结构一

赤峰清真寺梁架结构二

赤峰清真寺梁架结构三

赤峰清真寺梁架结构四

三、乌兰察布隆盛庄清真寺

建筑简介

隆盛庄位于内蒙古与内地的交通要道，在清代以商业著称，为南北货物集散地，牲畜皮毛京广杂货由此南来北往，商贾云集。各地回族商客亦纷至沓来并留居此地。随着定居的穆斯林人口增多，于乾隆十六年（1751 年）始建礼拜寺，初有大殿 3 间。

后因居民繁衍发展，来往商客川流不息，原大殿显得狭窄，沐浴室尤其拥挤不足用，于道光十一年（1831 年）由穆民群众捐资加盖大殿计 13 间，教长室、满拉宿舍、沐浴室、库房等建筑一应俱全，形成里外三进院落，大门、二门、围墙、照壁、南北配房齐全的完美建筑群落。1926 年又扩建大殿 5 间、抱厦 5 间成今日规模。

隆盛庄清真寺侧立面图

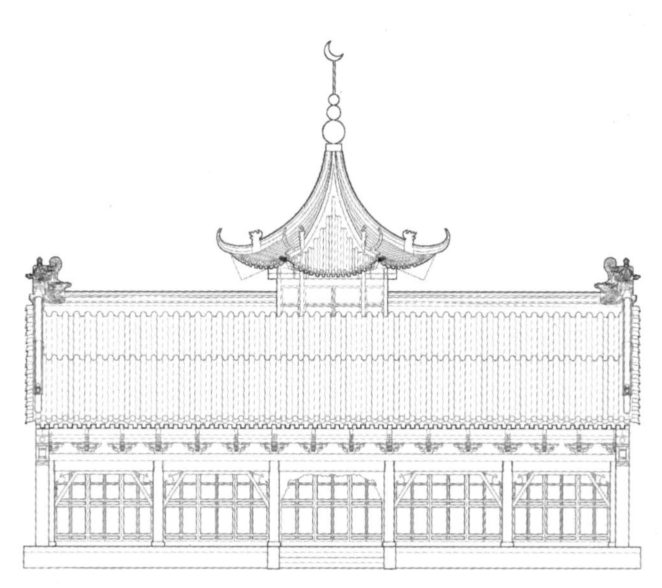
隆盛庄清真寺正立面图

隆盛庄清真寺鸟瞰

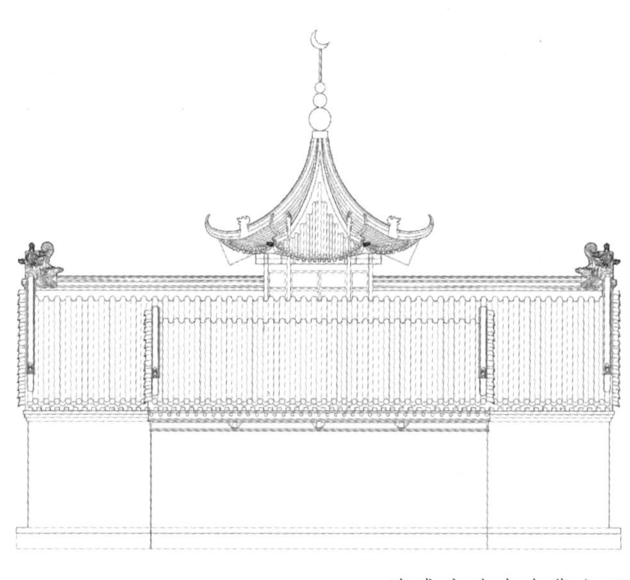
隆盛庄清真寺背立面图

建筑特征

清真寺建筑形式为传统的中国官殿式风格，布局对称合理、玲珑精巧，全寺雕梁画栋、金碧辉煌，整体庄严肃穆，巍然壮观。被列为内蒙古重点保护的清真寺之一。

全寺占地近6.8亩，建筑总面积2700平方米，大殿建筑面积820平方米。内存阿文楹联1对、匾额2块，汉文康熙圣谕1块、咸丰十一年(1861年)丰镇府台赠“道通乾坤”匾1块、光绪十一年(1885年)“遵大清高”匾1块、蒙古德王赠“守真存诚”匾1块、1926年回族知名人士马福祥书“其尊无对”、“开天古教”匾2块。但由于年代已久，很多建筑毁坏，为保护其原貌，镇党委、政府投资进行过多次维修。

隆盛庄清真寺入口

隆盛庄清真寺院落

隆盛庄清真寺室内

隆盛庄清真寺背立面

隆盛庄清真寺梁架

四、阿拉善黑水城清真寺

建筑简介

黑水城（黑城遗址），蒙古语称为哈拉浩特，又称黑城，位于干涸的额济纳河（黑水）下游北岸的荒漠上，是古丝绸之路北线上现存最完整、规模最宏大的一座古城遗址。

城外西南方保存有外形较完整的伊斯兰清真寺礼拜堂。

历史沿革

1038 年，党项人建立了西夏政权，西夏王朝在居延地区设置了“黑水镇燕军司”，驻地即黑城。

1226 年，成吉思汗蒙古军第四次南征攻破黑城，1286 年元世祖在此设“亦集乃路总管府”，这成为中原到漠北的交通枢纽。

1372 年，明朝征西将军冯胜攻破黑城后明朝随即放弃了这一地区，此后黑城便在尘封的历史里沉睡了近 700 年。

1886 年，俄国学者波塔宁在额济纳考察时发现了黑城。

1908 年 4 月，俄国探险家科兹洛夫在这里进行了掠夺式挖掘，盗取了大量西夏文物，其中包括珍贵的汉文、夏文对照的《番汉合时掌中珠》及《音同》、《文海》等古籍。

黑水城遗址

黑水城清真寺

黑水城清真寺近处

第七篇

天主教建筑

一、呼和浩特天主教堂

建筑简介

位于呼和浩特市回民区通道南街西侧。据史料记载：其教堂地址，清末时即为教会占用，最初仅有十余间平房。民国 11 年（1922 年）比利时圣母圣心会在归绥市设天主教绥远教区时，开始修建教堂，民国 13 年（1924 年）教堂落成。该教堂建筑雄伟，造型独特，是呼和浩特市现存最好、最完整的一座天主教堂。现为全国重点文物保护单位。

建筑特征

天主教堂占地面积约 5000 平方米。全部建筑为一个封闭的建筑群体，中部辟有宽敞的庭院。以教堂为中心，北有主教楼，二层，砖木结构，东西长 50 米。主教楼西接一幢楼房，结构式样与东楼大体相同。教堂以东建有孤儿院一所，计平房三十余间。主体建筑大教堂，建筑面积约 600 平方米，面阔 20 米，高约 25 米。采用罗马式建筑式样，门窗、梁架均呈拱券形。顶部高耸，达 25 米，坡度陡峭，全部用薄铁板覆盖。东北侧建有钟楼，通高 30 米，现存大钟一口，1924 年造自欧洲，系青铜合金铸成，声音清脆悦耳，可传数十里外。堂内宽敞明亮，墙壁洁白，空间高达 20 余米。大幅的宗教画像及各种祭祀品绚丽多彩，既富丽堂皇，又不失典雅大方。大教堂建筑结构严谨，整体效果肃穆庄严。

教堂现存主体及大部分附属建筑。北面主教楼，现为内蒙古天主教总教会所在地。

呼和浩特天主教堂一

呼和浩特天主教堂入口

呼和浩特天主教堂二

呼和浩特天主教堂立面

呼和浩特天主教堂塔楼

呼和浩特天主教堂壁柱

呼和浩特天主教堂次入口

建筑简介

位于赤峰市林西县城北 9 公里的大营子乡，始建于 1909 年，由比利时神甫设计建造，教堂内有两排 26 根花岗岩石柱，屋脊高 16 米，石拱屋顶，钟楼尖顶 27 米。大营子天主教堂是关外最大的哥特式天主教堂建筑。

曾于 1917 年重新扩建，1985 年修复教堂尖顶，2010 年对通往教堂的千米大街进行了硬化。

大营子天主教堂鸟瞰

大营子天主教堂立面一

大营子天主教堂室内

大营子天主教堂立面二

大营子天主教堂侧廊

大营子天主教堂立面三

大营子天主教堂拱券

大营子天主教堂玫瑰窗一

大营子天主教堂玫瑰窗二

三、乌兰察布集宁玫瑰营教堂

建筑简介

玫瑰营教堂位于乌兰察布市集宁区玫瑰营镇，始建于1899年，1900年和1907年两次扩建。

1874年，比利时帝国在此设立了传教公所，进行布教并设堂讲经。教会根据《圣经》中的“玫瑰经”，将当地地名改为玫瑰营，一直沿用至今。

1927年后中国人自任主教，玫瑰营教堂成为集宁教区的主座教堂。

建筑特征

玫瑰营教堂教学建筑占地面积300多平方米，青砖铁瓦，保持了西欧建筑样式。后增建修女院、婴儿院等房舍500余间。

集宁玫瑰营教堂鸟瞰

集宁玫瑰营教堂一

集宁玫瑰营教堂二

呼和浩特天主教堂山墙立面

集宁玫瑰营教堂和圣母

集宁玫瑰营教堂室内

第八篇

商肆建筑

一、呼和浩特元盛德

建筑简介

元盛德是清代归化城旅蒙三大商号之一，其开设年代早于大盛魁，更早于天义德。其资金积累、经营范围主要以蓄养牲畜为主，同时经营托运、皮毛、药材、日用百货等。经营规模次于大盛魁，优于天义德。大盛魁、天义德以放“印票”帐，远销货物为主， 元盛德以蓄养牲畜为主，他的总号设于归化城，支号设于科布多蓄养牲畜，以扎哈庆、乌兰梅、讨号子等地为根据地。

元盛德的总号及其主人居住在归化城（呼和浩特市）玉泉区小召后街元盛德巷，该巷有院落数十座，大部分是清代从雍正年间到嘉庆年间建成，有门面房、自住房、旅店、库房等，主要供元盛德的掌柜、伙计的家眷以及来往客商等人居住。在呼和浩特以商号命名的街道仅此一家，足见其规模之宏大。

元盛德巷 35 号院，是元盛德的主人居住的院子，始建于清雍正年间（1723 ~ 1735 年），距今约 280 年。现占地面积约为 439 平方米，是现存最完整的一座清代民居。

元盛德大门

元盛德山墙细部一

元盛德山墙细部二

建筑特征

该建筑是一座典型的清代民居四合院布局，坐北朝南，砖木结构。大门门楣有精美砖雕雕饰。朱红街门铁叶包角，显得庄重大气。进院先见影壁（影壁墙绘有鹿、鹤）。现存正房五开间，两边连至左右院墙，三开门不用套间。东西厢房各一门三间，南面倒座三门五开间，东边一间辟作院门。西房与南房圪道间有一小门，里面是厕所。院门对面影壁边东墙是通往偏院的小门，门楣有砖雕“务本”两字。偏院被破坏。全院屋顶用筒瓦覆盖，并有高脊兽头瓦当，花草滴水装饰，院中央有一棵古树（爆马丁香树），已有200多年树龄，是呼和浩特市重点保护树种，也被当地佛门视为菩提树（“菩提”一词是梵文Bodhi的音译，意思是觉悟、智慧，用以指人忽然睡醒，豁然开悟，突入彻悟途径，顿悟真理，达到超凡脱俗的境界等）。经常有佛门弟子前去瞻仰，由于该树具有吉祥与药用价值，被当地老百姓视为神树，常有前去求平安，保吉祥的。

该建筑现保存较为完好，多年来未作任何添建改动，维修也很少。

历经百年沧桑，至今还保持了原有的建筑风格，是呼和浩特市仅存的一处清代四合院民居，代表了清代归化城民居的建筑特点。对研究呼和浩特商业文化、民俗、蒙汗文化融合发展等方面有很高的研究价值。

元盛德细部

元盛德山墙影壁

二、呼和浩特总号（大盛魁）

建筑简介

大盛魁是内蒙古地区著名的旅蒙商号，起初名为吉盛堂，后改为大盛魁，大盛魁旧址是大盛魁商号设在归化城总号的所在地，位于内蒙古呼和浩特玉泉区德胜街 18 号，与元盛德相毗邻，2006 年内蒙古自治区政府公布为自治区级重点文物保护单位。

大盛魁大门

大盛魁内小门

大盛魁小二楼

历史沿革

清康熙年间，清政府在平定准噶尔部噶尔丹的叛乱中，由于军队深入漠北，商人可随军贸易。其中吉盛庄便从此起家，康熙末年改名为大盛魁。初期大盛魁随清军之需，总号设在外蒙的乌里雅苏台，咸丰年间迁到归化城即大盛魁旧址。大盛魁从清康熙、雍正年开业到1929年宣布歇业，历经200多年的历史，它以放“印票”为主，以驼运业为运输手段，经营日用百货、畜牧、皮毛、药材等贸易，长期活动于大漠南北，还与法、德、英等国际商人有业务来往，其经营范围之广，贸易额之大、获利之多、历史之久，是我国丝绸之路贸易的中间重要环节。它对呼和浩特乃至内蒙古经济文化的发展起到了积极的促进作用。大盛魁旧址是我们研究旅蒙商文化、经济的宝贵实物资料。大盛魁基本保持了清时期建筑格局，主要文物建筑性质特征、材料和工艺特点等方面保留了历史原状，具有鲜明的地方特色。

建筑特征

大盛魁旧址位于呼和浩特玉泉区德胜街18号，建筑院落为四合院布局，坐西朝东，总占地面积为1000平方米，西面为一座小二楼，两侧有耳房，南、北厢房各七间，东房九间，院落大门为东向，东房从南面数的第二间房屋设为院落大门。但是它不同于元盛德民居四合院，它是办公场所，所以此四合院坐西朝东，西面是一个两层小楼，通面阔9.7米，通进深4.5米，两侧有耳房，外跨楼梯，现楼梯已损毁。南耳房原状无存，现已改造，通面阔9.7米，通进深4.5米，北耳房面阔三间，通面阔9.7米，通进深4.5米。院落东西各有厢房七间，通面阔26米，进深6.1米，东房（倒座）七间，通面阔23米，通进深5.5米。

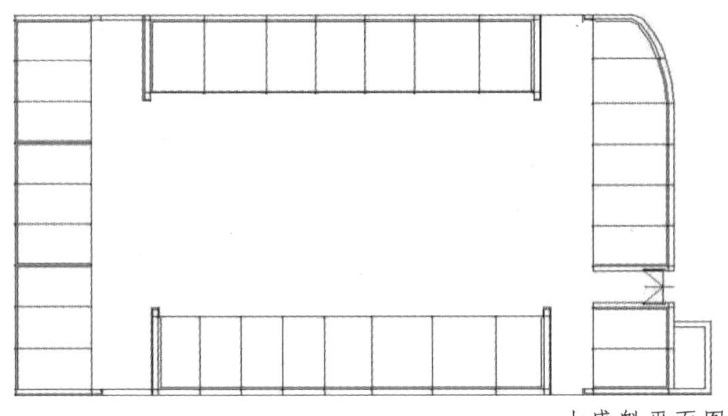
大盛魁平面图

大盛魁倒座

大盛魁南房

大盛魁正房

三、呼和浩特德泰玉药店

建筑简介

清代嘉庆年间，豫商创办了归化城最大的药材泡制、批发、零售老字号。由门市、作坊、库藏、议事、客房、住宅等组成了前店后厂式综合建筑群。民国初年维修时，将门市前脸改建成仿西洋式。原址在大召前玉泉井东侧，1999 年 9 月迁至呼和浩特市明清建筑博览园。

德泰玉药店正立面

德泰玉药店一

德泰玉药店二

德泰玉药店侧立面

德泰玉药店门窗一

德泰玉药店门窗二

德泰玉药店门窗三

德泰玉药店屋顶结构

德泰玉药店地砖

德泰玉药店室内

四、呼和浩特惠丰轩

建筑简介

位于呼和浩特市玉泉区小召前街158号，地处清代归化城小召（崇福寺）前广场西侧的街角处，与小召庙前的牌楼隔路相望。始建于清光绪年间（1875～1908年），扩建和完善于民国时期。是清末至民国时期归绥地区著名的饭馆之一。现为内蒙古重点文物保护单位。

维修前的惠丰轩南房

维修前的惠丰轩

维修前的惠丰轩西房

惠丰轩西房立面图

维修后的惠丰轩西房

建筑简介

惠丰轩，占地面积约200平方米，坐西向东，为前、后两重建筑，均为砖木结构、二层楼阁的硬山式建筑。其中，前面临街的建筑作为饭馆对外营业的场所；后面的建筑作为饭馆员工的居室和仓库之用。现存前面的部分建筑基本完好，也是目前呼和浩特市区保留较为完整的店铺之一。

维修后的惠丰轩一楼室内一

维修后的惠丰轩

维修后的惠丰轩一楼室内二

维修后的惠丰轩二楼室内

维修后的惠丰轩楼梯（左一）

维修后的惠丰轩二楼物件（左二）

维修后的惠丰轩二楼室内一（右一）

维修后的惠丰轩二楼室内二（右二）

五、呼和浩特凤麟阁

建筑简介

始建于清代，四合院式。民国 18 年（1929 年）在原建筑上由官商合股创办饭庄，除日常餐饮外，还承办婚嫁典礼等大型宴会，民国年间为归化城里与麦香村齐名的饭庄。

原址在玉泉区小南街路东，1999 年 10 月迁至呼和浩特市明清建筑博览园。

凤麟阁正立面

凤麟阁门窗样式一

凤麟阁门窗样式二

凤麟阁抱厦

凤麟阁抱厦细部一

凤麟阁抱厦细部二

凤麟阁南立面檐下及抱厦侧立面

凤麟阁抱厦细部三

凤麟阁一层室内

凤麟阁北立面

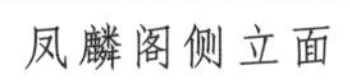

凤麟阁侧立面

凤麟阁北门

凤麟阁二楼窗花

六、锡林郭勒山西会馆

建筑简介

山西会馆，亦称“伏魔官”、“关帝庙”。位于锡林郭勒盟多伦县城西南。始建于清乾隆十年（1745年），由山西籍客商集资兴建，民国初年又进行了重修。山西会馆规模宏大，是历史上多伦地区晋商进行结社、议事、集会、娱乐的场所，也是内蒙古地区现存年代最早，建筑最完整的一座会馆建筑。现为全国重点文物保护单位。

会馆坐北向南，迎街而建。占地总面积约5000平方米，建筑面积1800平方米，由四进院落组成，有房屋百余间。其主要建筑有大山门、戏楼、二山门、过殿、正殿、东西厢房、耳房等。

历史沿革

据史料记载：从乾隆后期一直到清末，山西商人一直是多伦商城最主要的经营队伍。商号数量占多伦商号总数的四分之一，但其所拥有的资产却占整个多伦的一半以上，是多伦财富的主要创造者和占有者。

山西会馆是当时在多伦经商的山西商人结社、集会、议事的重要场所。山西会馆是山西旅蒙商在多伦留下的一处重要的历史文化遗产。它所代表的文化内涵、建筑特点，对于研究山西商人的晋商文化和清代的建筑艺术有着极高的史料价值。

1991年和2000年，多伦县政府两次对其进行了全面修缮，使得古老的山西会馆又重现了昔日的辉煌。

山西会馆大牌楼

山西会馆西侧牌楼

山西会馆鸟瞰

建筑特征

会馆前面建有大小牌楼。大牌楼上有“伏魔宫”三个大字。两侧小牌楼各一，分别书有“左通”“右达”二字。山门，俗称“过马殿”，面阔三间，歇山式建筑。门楣上悬挂一匾，书有“山西会馆”四个大字。两侧建有辕门，再侧为两间配房。入山门，正面为大戏楼，左右为厢房。往北为二山门，面阔三间，歇山式建筑。山门上方挂一匾，书有“千秋俎豆”四字。两侧建有钟楼、鼓楼。山门前有石狮、旗杆各一对。再往北为过殿。面阔五间，硬山式建筑。东西建有厢房各三间。出过殿，北面为正殿，面阔五间。两侧建有耳房各三间。会馆整体建筑排列有序、错落有致。每座建筑都有极为精巧的木刻、砖雕、绘画。

戏楼，是会馆中最具特色的建筑。戏楼高约3丈，气势雄伟，结构精巧。平面呈“凸”字形，突出部分为台口。

正殿，是供奉关公的主殿，面阔五间，殿前有抱厦，卷棚式，后堂硬山式。

会馆的整个建筑均用青砖、筒瓦、板瓦构筑。殿内做彻上露明造，外梁坊均施以彩画。彩画除运用清式彩画之外，还使用苏式彩画以及山西风格的人物、禽兽、花鸟等，表现出浓郁的地方建筑的特色。

山西会馆山门

山西会馆大戏台

山西会馆仪门

山西会馆鼓楼

山西会馆鼓楼细部二

山西会馆鼓楼细部一

山西会馆议事厅

山西会馆关公殿

第九篇

民居建筑

一、呼和浩特清水河北堡窑洞

建筑简介

窑洞，这一“穴居式”民居的历史可以追溯到四千多年前，是中国西北黄土高原上居民的古老居住形式。窑洞广泛分布于黄土高原的山西、陕西、河南、河北、甘肃等省以及宁夏、内蒙古自治区。中国人民创造性利用高原有利的地形，凿洞而居，创造了窑洞建筑。窑洞一般有靠崖式窑洞、下沉式窑洞、独立式窑洞等形式，其中靠山窑应用较多。

窑洞外景

依山而建的窑洞

窑洞

窑洞细部一

窑洞细部二

二、呼和浩特杨家大院

建筑简介

杨家大院(杨家巷5号院)坐北朝南,青砖灰瓦,为三进院落,院落基本呈长方形。正殿居北,硬山顶,面阔五间,两侧有耳房。东、西厢房为硬山顶,面阔三间。正殿后有一座二层硬山顶绣楼,东侧有小门。

现已迁至呼和浩特市明清建筑博览园。

杨家大院正房

杨家大院大门

杨家大院大门细部一

杨家大院大门细部二

杨家大院院落

杨家大院倒座

杨家大院东厢房

杨家大院东侧小门

杨家大院东侧小门立面

杨家大院绣楼正立面

三、呼和浩特曹家大院

建筑简介

曹家大院建于清同治五年（1866 年），为布局严谨的典型四合院，是河北籍回族驼运大贾曹氏家族的内宅之一。其创建的德厚堂与大盛魁、元盛德、天意德号称归化城四大商号。

原址在回民区宽巷子街，1999 年 6 月迁至呼和浩特市明清建筑博览园。

曹家大院院落

曹家大院正房

曹家大院东厢房

曹家大院西厢房

曹家大院厢房檐下

曹家大院大门

曹家大院门窗

四、呼伦贝尔蒙古包

草原上的蒙古包

建筑简介

蒙古包是蒙古族牧民居住的一种房子。建造和搬迁都很方便，适于牧业生产和游牧生活。蒙古包古代称作穹庐、“毡包”或“毡帐”。据《黑鞑事略》记载：“穹庐有两样：燕京之制，用柳木为骨，正如南方罘思，可以卷舒，面前开门，上如伞骨，顶开一窍，谓之天窗，皆以毡为衣，马上可载。草地之制，以柳木组定成硬圈，径用毡挞定，不可卷舒，车上载行。”随着畜牧业经济的发展和牧民生活的改善，穹庐或毡帐逐渐被蒙古包代替。

草原上的蒙古包与牛群

草原上的蒙古包近处

额尔古纳北沿途某旅游点的蒙古包

现代牧民定居点的蒙古包

额尔古纳某旅游点蒙古包近处

阿尔山某旅游点的蒙古包

蒙古包的门

牧民闲置在草原的蒙古包一

牧民闲置在草原的蒙古包二

五、呼伦贝尔博克图镇达斡尔族民居

建筑简介

达斡尔人建房注重依山傍水，民居多为三间，房顶上有木构框架，窗格花纹组合讲究。

达斡尔族民居宅舍布局合理，以内院主房为中心的对称格局，分正房、仓房、畜栏、菜院等。民居整体宽敞明亮，冬暖夏凉，坚固耐用，形成了充分利用自然条件的建筑群落，具有鲜明的民族特色。

达斡尔族民居最有特色的是西侧或东侧的仓房。最早的是垛木仓房，现在看到的大多是柞木杖子里外抹草泥的仓房。仓底被垫起半米左右，以隔潮通风。

博克图是牙克石乃至呼伦贝尔地区不可多得的具有森林文化、多民俗民族文化、铁路文化等多元素的文化地区。受到多方面的影响，这些文化的载体正在逐渐消亡。因此，保护好利用好博克图丰富的文化资源，开发利用好其文化价值，具有十分重要的意义。

博克图镇达斡尔民居一

博克图镇达斡尔民居二

博克图镇达斡尔民居东立面（左一）

博克图镇达斡尔民居西立面（左二）

博克图镇达斡尔民居铁皮屋顶（右一）

博克图镇达斡尔民居墙体细节（右二）

六、呼伦贝尔鄂伦春民居

建筑简介

仙人柱，鄂伦春语意为“木杆房屋”，汉语称“撮罗子”，是鄂伦春族游猎时期居住的房屋。其是一种用二三十根五六米长的木杆和兽皮或桦树皮搭盖而成的很简陋的圆锥形房屋。夏天用桦皮或芦苇，冬天用狍皮做覆盖物。门上夏天挂柳条穿的门帘，冬天挂狍皮或鹿皮门帘。

鄂伦春民居

鄂伦春民居特写

鄂伦春民居上的桦树皮（左一）

鄂伦春民居入口处的兽首（左二）

圆锥形的鄂伦春民居（右一）

鄂伦春民居内部的木杆（右二）

鄂伦春民居在树上修建的仓库

七、呼伦贝尔奇乾村木刻楞

奇乾村木刻楞远景

建筑简介

木刻楞房是生活在中国北方俄罗斯族典型的民居建筑。现存部分木刻楞房，其房屋形制、房檐、房墙、门廊、窗户都保持了始建初期的原貌，具有极为浓郁的俄罗斯建筑风格。该木刻楞房是具有重要历史意义和保护价值的实用建筑。

奇乾村木刻楞一

奇乾村木刻楞立面

奇乾村木刻楞二

建筑特征

木刻楞房，主要是用木头为原料，经手斧等工具建造出来，房屋有棱有角，非常规范、整齐，所以人们称它为木刻楞房。房屋地基由石头砌成，墙壁由圆木层层叠垒而成，一般不用铁钉，而是将木头两端凿出凹槽，直角叠加，互相咬合，并将木楔打进去，进一步加固。有的还在圆木缝隙里塞上苔藓，这些菌类植物，遇上潮湿的气候会不断繁殖膨大，从而能够防寒避风。屋顶呈"人"字形大坡顶，开有天窗。以利空气流通。屋顶多用木瓦或铁皮覆盖。木瓦是用斧子劈出来的，劈出的木瓦有沟坎，便于排水。向阳的木瓦经过长年日照变为灰色，如同青瓦一般，而背阴的木瓦则长满鲜绿的苔藓，宛若琉璃般古朴。房屋的门廊以及上部房檐、窗檐是装饰重点，运用了木雕和彩绘等装饰工艺。

建好的木屋，从墙基到房顶，黄、绿、蓝、红等多种色彩的交相辉映，既朴实大方，又和谐自然。

奇乾村木刻楞及其仓库

层层叠加的圆木

奇乾村木刻楞窗

屋顶木板间的苔藓

八、扎兰屯铁路职工宿舍

建筑简介

扎兰屯中东铁路高级职工宿舍的设计多采用了新艺术别墅式风格，采用单一住宅方式，由于高级职工宿舍大多为俄罗斯人设计建造，同时也带来了俄罗斯的文化，到了现代，建筑风格发生的演变也体现着中西方文化的深刻交融。

扎兰屯铁路职工宿舍一

扎兰屯铁路职工宿舍入口雨棚

扎兰屯铁路职工宿舍屋檐细部

扎兰屯铁路职工宿舍二

扎兰屯铁路职工宿舍铁皮屋顶

扎兰屯铁路职工宿舍入口

扎兰屯铁路职工宿舍三

扎兰屯铁路职工宿舍细部

九、乌兰察布隆盛庄段家大院

建筑简介

段家大院是目前隆盛庄保存最为完好的民居院落之一，正房保存较为完整，面阔七间，三正四耳式，即由三开间为正房，左右各两开间为耳房。正房与山墙高于耳房，屋顶垂脊、瓦当等较为完整，垂脊处做精致卷草砖雕且由垂兽位于脊端，正方山墙出檐部分做木制博风板并雕刻卷草纹。正房槛墙做海棠池，槛墙的池心部分雕刻荷花图案，岔角做砖雕装饰。建筑中所用的砖雕与木雕等装饰工艺考究，具有较高的艺术文化价值。厢房结构为砖木结构，仍遵循原有的建筑尺度。大院由于产权划分为三个独立的院落。

隆盛庄段家大院倾斜摄影

隆盛庄段家大院三维激光扫描

隆盛庄段家大院

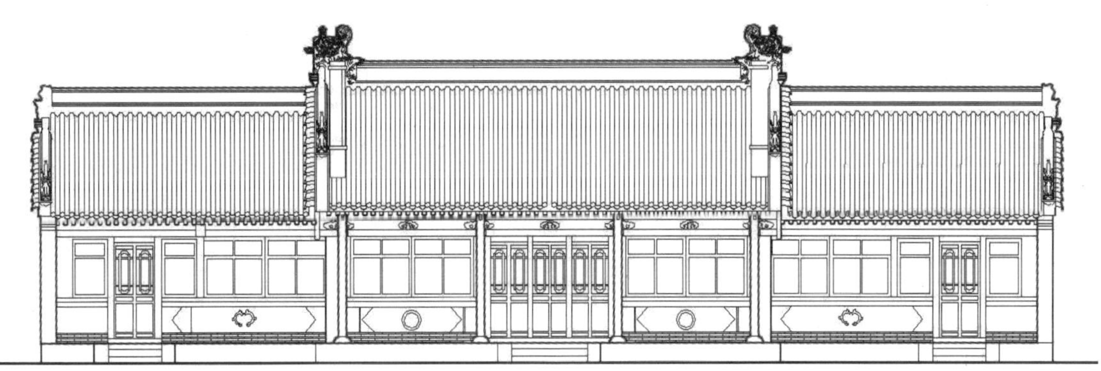
隆盛庄段家大院正房正立面

隆盛庄段家大院屋顶

隆盛庄段家大院垂脊

隆盛庄段家大院檐下

隆盛庄段家大院荷叶墩

十、阿拉善定远营民居

建筑简介

阿拉善地区的传统民居在院落布局中与北京地区合院民居非常相似，它们都以院落来组织空间，通过房屋的围合来形成一种内向型空间。在建筑布局时，阿拉善地区的民居院落也采用中轴对称、规整有序的手法，使整个建筑空间中的主次、正偏、内外、向背之分尤为突出，这些空间上的区分充分体现了我国传统的礼教尊卑观念，整个院落通过正院偏院、正房厢房、内院外院、前院后院的设置，也使建筑组群展示出了一套完整的伦理秩序。院落内各建筑房门开向内院，也使整个院落更具有凝聚性。

阿拉善定远营民居院落

阿拉善定远营民居入口

阿拉善定远营民居屋檐

建筑特征

阿拉善地区的传统民居院落通常为矩形，按照建筑组群规模大小可分为大型合院、中型合院和小型合院，其中大型合院一般由多个院落横竖叠加而成，供身份显赫的贵族王公府邸使用，其能满足封建大家庭人口庞大聚居而小家庭又相对独立的要求；中型合院一般由两三个院落单向叠加，供有财力或地位较高的人家使用；小型合院一般只有单个院落。

阿拉善地区的传统民居宅门大多采用平顶门和起脊门，平顶门早期常用简易的土和木材搭建而成，但在后期民居中逐渐改为用砖垒叠。起脊门一般较为正式，用砖和土木混合较多，大门上的装饰也较平顶门讲究。

阿拉善定远营民居檐下

阿拉善定远营民居彩画、门窗

阿拉善定远营民居梁柱

当地民居通常包括正房、耳房、厢房与外厢房。正房一般正对宅门，多为三间，一明两暗，正房明间设佛龛，供奉神灵或祖先牌位，次间卧房为长辈起居之处，由于地处北方，冬季寒冷，民居室内均设火炕，炕体内空，一侧通过坑道与墙外侧陷入地下的地炉连接，一侧在墙壁中设烟道直通屋顶，在室外地炉中生火，火进入炕洞，炕床得热，烟气再经由烟囱排向屋顶。正房两侧是高度低于正房的耳房，院落东西两侧则对称布置厢房，通常供晚辈居住。

阿拉善地区常年干旱少雨，而降雨量的多少直接影响着当地传统民居的屋顶形式，所以阿拉善地区的民居屋顶中常直接在椽上铺苇席，然后抹草泥，屋顶很少用瓦，形成了无瓦平屋顶的形式。阿拉善还因地处严寒地区，冬季室内用炕取暖，屋顶上都林立着各式烟囱。

阿拉善地区的传统民居结构形式大都采用木构而成，以木质梁架作为建筑主要承重体系，再辅以砖、土坯等建筑材料加以围合，形成了一套完整的砖木或砖土木结构体系。

因阿拉善当地土壤内含有较多细小砂石，制坯过程中很难将其筛净，从而阿拉善地区传统民居中所用的土坯经常有砂石的存在，正是这样的偶然使当地的土坯比其他地方的土坯更耐压，而且防潮防水能力大大增加。这种自制土坯的截面有长方形，也有正方形，可用于砌墙、垒炕、盘灶等，是一种较实惠的建筑材料。

阿拉善定远营民居立面

第十篇

戏台

一、呼和浩特白塔村戏台

建筑简介

白塔村戏台（三官庙乐楼）建于清代，始建于清道光年间（1821 ~ 1851 年）。由归化城商民及僧侣集资修建。乐楼平面呈凸字形，大木建筑结构，前台三间为歇山式，与后硬山式五间连为一体。造型新颖、工艺精巧。

该戏台是清代呼市地区著名的乐楼，也是旧时归化城一带城乡民居的主要活动中心。每年举办庙会期间，要请戏班在这里唱戏酬神。据传三官庙乐楼与东部白塔村戏台同出一位工匠之手，建筑形制相同，可称为姐妹建筑。二者同为本社区乐楼的典型代表。

原建筑位于呼和浩特市玉泉区三官庙街。于 2000 年 5 月迁建于呼和浩特市明清建筑博览园。

白塔村戏台正立面

白塔村戏台西立面

白塔村戏台绣楼立面

白塔村戏台结构一

白塔村戏台结构二

白塔村戏台一

白塔村戏台窗

白塔村戏台二

二、乌兰察布清水河明清古戏台

建筑简介

位于呼和浩特市清水河县南端，与山西省偏关、平鲁地区交界的长城沿线一带。明清以来，这里一直是蒙、汉民族商贸、文化交流的频繁之地。保存较完好的古戏台有三处。现为内蒙古自治区重点文物保护单位。

清水河口子上戏台维修前

清水河口子上戏台维修后

建筑特征

（一）北堡乡古戏台：位于清水河县城东南的北堡乡口子上村。始建于明崇祯年间（1628 ~ 1644 年）。戏台建在内外长城交汇处的丫角山上，坐北向南，拔地而起，与古老的明长城交相辉映。因戏台对面建有寺庙清泉寺，故又称“清泉寺戏台”。戏台高约 7 米，为砖木结构的硬山式建筑。戏台顶脊上，青瓦覆盖，自上而下呈弧线下垂，线条流畅、大方。台口高 3 米，宽 8 米，进深 6.5 米。台口处有露明柱耸立，台内通天柱支撑梁架。台上有木制槅扇，将戏台分为前后部分，两边有上下场门。台基由条石砌成，台面用块石镶嵌，经数百年使用，依旧平整光滑。整个戏台浑然一体，古朴雄壮。台口对面有开阔的坦坡，观众可从三面环视舞台，视觉和听觉效果极佳。

（二）老牛湾古戏台：位于清水河县城西南约 75 公里处的单台子乡老牛湾下河村处。始建于清咸丰二年 (1852 年)。戏台西临黄河，东靠山崖，四周古木环抱，环境优美雅静。戏台对面，有一古庙建筑，二者形成相互辉映的整体景观。戏台坐南向北，为砖（石）木结构，卷棚硬山式建筑。戏台前檐柱、枋间施有斗栱铺作，花牙、雀替等雕饰，十分精致。台内屏门木槅扇尚存，将戏台分为前后两部分；台内壁上有彩绘人物、游龙、花卉等图案。后墙上部砌有拱形窗户。整个戏台建筑，造型古朴、典雅，是清代黄河沿岸古戏台中具有代表性的一座古戏台。

（三）柳青河古戏台：位于清水河县城西南约 75 公里处的窑沟乡柳青河村处。始建于清乾隆二年 (1737 年)。戏台背靠黄河，东临柳青河，周边群山环绕，环境优美。戏台坐西向东，卷棚硬山式建筑。台基由砖石砌成。台面前有石砌栏板，露明柱支撑。台侧有八字影壁。台顶为卷棚顶。戏台后墙开有券形窗户。戏台造型壮观，装饰精美，尤其雕饰，极为精致。

清水河口子上戏台正立面（左一）

清水河口子上戏台两侧建筑（右一）

清水河口子上戏台屋顶结构（左二）

清水河口子上戏台屋檐（右二）

清水河黑熊沟戏台一

清水河黑矾沟戏台二

第十一篇

其他

一、呼和浩特清水河县黑矾沟窑址

建筑简介

黑矾沟瓷窑遗址位于清水河县西南的窑沟乡的黑矾沟村，此地距清水河县城30公里，西侧紧邻黄河河道，南侧则为明代的二边长城。

黑矾沟地理位置特殊，历史上的黑矾沟地处阴山南麓的晋北地区，这一地区自然环境独特，宜耕宜牧，历史上一度成为北方游牧文明和中原农耕文明的碰撞与交汇地带。黑矾沟瓷窑地处考古学上的“长城文化带”，是塞外地区保存较为完好的瓷窑遗址之一。此外“草原丝绸之路”是“丝绸之路”的重要组成，黑矾沟瓷窑是这一区域的重要手工业生产基地。2014年黑矾沟古瓷窑遗址被划定为自治区级的文物保护单位。

呼和浩特清水河县黑矾沟窑址鸟瞰一

呼和浩特清水河县黑矾沟窑址鸟瞰二

呼和浩特清水河县黑矾沟窑址局部立面

历史沿革

关于清水河县黑矾沟瓷业起源时间的确切记载，见于2001年出版的《清水河县志》：“明朝后期，山西保德县、临县等地汉族人走西口逃荒来到今清水河县窑沟、黑矾沟一带租种土地谋生。到清朝乾隆年间，人们发现了这里的高岭土、煤炭等矿产，开始生产陶瓷制品，陶瓷业从此时逐渐发展起来。”但是这种说法也一直没有其他更早史料佐证，所以众说纷纭。

关于黑矾沟瓷业在民国时期的发展情况，可据 2001 年出版的《清水河县志》记载：“清末民初，由于兵荒马乱，军阀混战，陶瓷生产极不稳定。”又据原载于民国二十一年的《绥远省政府年刊》的《清水河县县长王世达呈报出巡情况》，1933年黑矾的瓷业发展状况：“白瓷以烧碗碟为主，产地为西区属之黑矾沟村……”。

抗战全面爆发，山西等地的官办、民办窑场相继倒闭，这时的黑矾沟的瓷业生产也受到了影响。“日伪时期，能维持生产的瓷窑不过 3 ~ 4 座”。

黑矾沟瓷业发展的春天始于新中国的成立，1949年之后的中国百废待兴，人民生活亟待改善，政府鼓励手工业的发展，而手工业的发展也对国民经济的恢复起到了重要的促进作用。

1955年，黑矾沟瓷业生产进入到公私合营阶段，至此打破了以往的家庭作坊式生产，生产规模得到了大幅提升。

1958年，为解决大规模生产的需要，窑沟乡成立了第一陶瓷厂，因黑矾沟建设场地不足，交通不便等原因，新的厂址选在了窑沟乡政府附近。

随着开采规模的扩大，掘进深度的增加，开采作业对黑矾沟的地下水产生了重要影响，至20世纪70年代，伴随黑矾沟窑火燃烧800余年的沟底溪水出现了断流，这直接影响了黑矾沟的瓷业生产，至此，黑矾沟前沟的瓷业生产已完全停止。

呼和浩特清水河县黑矾沟窑址单体一

呼和浩特清水河县黑矾沟窑址单体二

独特的砌筑方

呼和浩特清水河县黑矾沟窑址鸟瞰三

呼和浩特清水河县黑矾沟窑址单体三

二、呼和浩特芸香书院

建筑简介

芸香书院建于清代，为南学倒座的四合院。建筑朝向和门窗设计新颖独特且有丰富文化内涵，窗上画版为孔子七十二弟子故事。“芸香书院”牌匾为清代砖雕原物。原址在旧归化城头道巷。

芸香书院内院

芸香书院大门

芸香书院正房

芸香书院

芸香书院正方室内（左一）

芸香书院正方门（右一）

“书山有路勤为径”砖雕（左二）

“学海无涯苦作舟”砖雕（右二）

芸香书院正房抱厦

芸香书院正房抱厦屋顶（左一）
芸香书院正房屋顶细部（左二）
芸香书院正房檐下结构（右一）
芸香书院正房屋顶细部（右二）

芸香书院东厢房

芸香书院西厢房

芸香书院厢房部分彩画

芸香书院西厢房门窗样式

三、中东铁路扎兰屯避暑旅馆旧址

建筑简介

建于1903年，是当时闻名的国际避暑旅馆，1932年海满抗战时，曾为东北民众抗日救国军前方总司令部。1954年，曾为东蒙古人民自卫军骑兵第五师司令部。新中国成立后，改为扎兰屯铁路公寓。2011年，改为伪兴安东省历史陈列馆。为全国重点文物保护单位。

中东铁路扎兰屯避暑旅馆旧址鸟瞰一

中东铁路扎兰屯避暑旅馆旧址鸟瞰二

中东铁路扎兰屯避暑旅馆南立面一

中东铁路扎兰屯避暑旅馆南立面二

中东铁路扎兰屯避暑旅馆旧址

中东铁路扎兰屯避暑旅馆凉亭

中东铁路扎兰屯避暑旅馆南立面细部

附录：塞外商埠——归化城

归化城，即今呼和浩特市旧城，是一座有430多年历史的塞外名城。它北枕巍峨起伏的阴山山脉大青山，可通北部丰美的草原；南临波涛滚滚的黄河水，与鄂尔多斯高原隔河相望；东依连绵起伏的蛮汗山，可谓京西锁钥；西连河套，为西进甘宁之门户。它坐落在黄河、大黑河冲积而成的平原上。这里土地肥沃，地形平坦，灌溉便利，地理上称为前套平原、土默川平原，史称敕勒川丰州滩。

明英宗正统十四年（1449年），成吉思汗后裔巴图蒙克即大元大可汗位，即达延汗，其中土默特万户是后来归化城土默特部的主要来源。达延汗去世后，蒙古诸部又陷入新的割据局面。16世纪20年代，达延汗的孙子阿拉坦汗（1507～1582年），亦称俺答汗，率土默特部称雄丰州滩，后随着政治、经济、军事力量的强盛，逐步统一了漠南蒙古右翼各部，并控制了东起辽东、西至河套，远至青海的广大地区，呼和浩特地区开始成为政治、经济和文化中心。明穆宗隆庆六年（1572年），阿拉坦汗鉴于政治、经济和军事上的需要，决定兴建一座新的城市。经过各族能工巧匠的共同努力，明神宗万历三年（1575年），该城基本建成。应阿拉坦汗之邀，明朝赐城名为“归化”，意思是“归顺朝廷”“接受教化”。归化城的规模不大，呈正方形，每边长约200米，城周不足2里；城墙高两丈四尺；只筑有南北两座城门，建有城楼，但无瓮城。城西百米为扎达盖河。北门里路西为顺义王府，清初废顺义王号，府为都统丹津所占，故俗称“丹府”。明神宗万历九年（1581年）春，阿拉坦汗和他年轻的妃子乌讷楚（三娘子）决定对归化城进行扩建，计划扩建方圆20里的归化城外城，气魄可谓宏大，规模堪称空前，惜财力、物力、人力不足，最终对归化城只是进行了部分扩建和维修而已。明神宗万历十年（1582年）初，阿拉坦汗病逝，权力悉归三娘子掌握，在明朝的斡旋下，依北方民族“父亡妻其后母”的收继婚习俗，三娘子先后嫁给阿拉坦汗之子黄台吉和黄台吉之子扯力克。明神宗万历十五年（1587年），明廷封黄台吉为顺义王。鉴于三娘子顾全大局誓守盟约、维护明蒙友好关系的功绩，封其为忠顺夫人。为了提高三娘子的地位，明廷规定上报的公文须由顺义王和忠顺夫人共同签署。由于三娘子在三代顺义王时期，都曾住在归化城，参与了该城的筹划、设计、建筑、扩建等过程，故当地各族居民至今仍俗呼归化城为三娘子城。

清康熙初年到中叶，归化城渐成为塞外用兵的军事重镇。清圣祖康熙二十七年（1688年），漠西卫拉特蒙古准噶尔部趁漠北喀尔喀蒙古扎萨克图汗部与土谢图汗部发生纠纷，率兵二万，逾杭爱山，袭击扎萨克图汗部、土谢图汗部和车臣汗部。三部力不能支，退走漠南蒙古。清圣祖康熙二十九年（1690年），噶尔丹率兵尾追喀尔喀蒙古三部，挥戈南下，直抵乌兰布通。清廷也出兵北征噶尔丹。八月，清准双方在乌兰布通展开血战，结果噶尔丹战败，拔营远遁。噶尔丹此战虽败，但实力并未削弱，时时觊觎着漠南蒙古。归化城地处北部边疆，面临着严峻的战争威胁。清圣祖康熙三十年（1691年），归化城两都统率土默特左右翼、六大召庙喇嘛、台吉、佐领及各族军民积极备战，增筑和扩建了城池。在原有城池基础上，北门楼与北城墙保持不变，只是扩展东、西、南三面城墙，扩大了城池面积。另外，还在归化城的四门外，修筑了东、西、南、北四座专门接待往来官员临时休息的驿站，当地民众俗称其为“茶坊”。至今，呼和浩特旧城以西和以南地区仍被习惯地称为“西茶坊”、“南茶坊”。清圣祖康熙三十五年（1696年）初，康熙帝率八旗兵等赴喀尔喀蒙古，伺机打击噶尔丹；五月，清准双方在昭莫多地方展开大战，噶尔丹大败，只率数十骑逃走，势力一蹶不振。同年秋，康熙皇帝率军出巡归化城和鄂尔多斯部，回京时赐给小召甲胄、弓箭及腰刀等物，后亲自撰文在小召和席力图召勒石纪念其西征武功。归化城军民有惊无险，总算躲过了这场战火。为了庆贺清军对准噶尔部战争的胜利，归化城军民在城北门西北的扎达盖河上修建了一座长

7丈，宽2丈，下有3个涵洞的石砌石桥，以方便东西交通，并定名为“庆凯桥”。惜该桥在1959年7月的洪水中被冲毁。

归化城经过清圣祖康熙三十年（1691年）的增筑后，逐渐形成了内外两城的形制。以城中心鼓楼为界，内城里面多为衙署、议事厅等官府机构的所在地；外城则主要是蒙古官吏的居住区；一般平民百姓的住宅多散居在外城城墙的周围，尤以南门外一带最为集中。汉族商贾们在南门外大道两侧竞相占据地盘，租赁或兴建房舍，开设买卖字号，逐渐形成了城外最繁华的街道。这就是今天大南街的雏形。

清朝乾隆年间，归化城已成为清廷经营漠南蒙古的军事重镇，城内军政官署林立，街上顶戴花翎颇多。主要的衙署有归化城副都统衙署，土默特旗务衙署，归绥兵备道衙署，归化城同知厅署等。土默特旗务衙署亦称固山衙门、土默特旗署，既是处理土默特两翼军政事务的官署，也是归化城副都统军令和政令的执行机关。它设置于清朝雍正十三年（1735年），内设机构有议事厅、兵司、户司、旗库、印房、前锋营、稿房、档案库等。衙署位于归化城大北街东侧，南起议事厅巷，北至东马道巷，长86米，宽40米，占地3440平方米，共有房屋34间。归绥道衙署建于清乾隆六年（1741年），初称分巡道，清乾隆十一年（1746年）改为兵备道，隶山西巡抚。它初辖归化、萨拉齐、和林格尔、托克托、清水河五厅，清末又辖有丰镇、宁远、武川、五原、兴和、陶林、东胜七厅，总计十二厅。道署位于归化城北门西扎达盖河北岸，南北长约160米，东西宽约120米。

归化城，素有“召城”之说，佛、道、儒三教及伊斯兰、天主、耶稣教的庙宇寺院在城之内外四处林立，其中尤以喇嘛召庙为甚。“七大召、八小召、七十二个绵绵（形容很多的意思）召”，就是专指该城喇嘛庙之多而言的。据学者孙利中先生考证：从明朝万历年间至清朝乾隆年间的200多年中，归化城出现了三次建庙高潮。第一次是明万历至天启年间（1573～1627年），第二次是清顺治至康熙年间（1644～1722年），第三次是清雍正至乾隆年间（1723～1795年），归化城内和城外共建了87座寺庙。

归化城内除喇嘛庙外，还有儒庙、佛庙、道观和俗神庙。归化城不但是著名的“召城”，而且还是中外闻名的商业中心。明末清初，归化城的商业贸易不太发达，规模不大。康熙年间，随着清准战争的进程，在随军商人的苦心经营下，归化城的商业才突飞猛进地发展起来。此外，清朝为了便于控制漠南蒙古，以归化城为中心，大力发展其东、南、西、北向的驿站，使归化城成为四通八达的草原重镇，从而更促进了商业的发展。

归化城从事商业活动的主要以山西商人为主，他们的商业活动区主要在漠北蒙古、漠南蒙古和新疆地区，但赴这些地区从事商贸时，需在归化城有关衙署领办照票。归化城商人的经营方法极有特色，“行商坐贾相辅而行”。专做新疆生意者称为“西庄业”，专做漠北和漠南蒙古生意者称为“通译业”（或称通事行）。他们每年初从归化城携货起程，物资五花八门，应有尽有，民间俗称：“上至绸缎，下至葱蒜”。

由于归化城商品种类繁多，商贸区域辽阔，货物又多销往漠北和新疆地区，其银钱往来数目较大，多不便携带，因此除本地的商品贸易外，还出现了许多相关的行业，如货栈、驼运、煤炭、餐饮、钱庄、票号等。商品交易又以代表农产品的粮食买卖和代表畜产品的牲畜与皮毛买卖最为重要。在归化城就设有牲畜交易场所：“马桥驼市”设在绥远城西门外，“驼桥牛市”设在归化城副都统衙署旁侧，“牛桥羊市”设在归化城北门外，“羊桥市”设在北茶坊外。

在归化城，除官署统治势力外，工商业界是最重要的社会势力。为方便官方和商界的联系与沟通，同行业的商家组成了同业团体——“社”和“行”。清代及民国年间归化城最著名的大行(社)有15家,小行(社)有30家,这还不包括钱庄、票号金融业中的“行”与“社”。

成百上千家商店齐聚一地,给归化城的商业经济带来异常繁荣。正如《古丰识略》所云:归化仅弹丸之地,戏楼酒肆大小数十百区……在归化城丰富的商业活动中,逐渐出现了一些大商号,他们都是由旅蒙商起家的,大盛魁、元盛德、天义德就是其典型代表。以大盛魁为例,它的经营范围按营业性质分工,可分为四部分。一是印票,二是日用百货,三是牲畜,四是皮毛和药材。“集廿二省之奇货裕国通商,步千万里之云程与蒙易货。”这是贴在大盛魁总号大门旁的楹联,也是其商业特点的真实写照。

民国初年,随着归化城人口的剧增,特别是民国十年(1921年)京绥铁路的通行,原来的城区和街道已不适应城市经济的发展。民国十一年(1922年),绥远都统马福祥下令拆除归化城东、南、西三面城墙和城门,只留下北门城楼作为归化城的象征(1958年亦被拆除)。从此,大南街与大北街在大什字处沟通,成为北门里的一条主干大街。由于城墙的拆除,已无内城外城的界线,一些晋、京、津等地的商人们看准这一机遇,纷纷涌入大北街,在路两旁兴建店面。自此,大北街、大南街成为归化城最繁华的商业大街了。到抗战爆发前,这条商业大街已空前繁华,路两旁商号林立,百业俱兴,成为归化城的商业闹市。

北门广场南向呈半圆形,东西两侧均建有西式砖混结构的商铺,建筑檐口有的筑以西式女儿墙。广场的北面属城外,原城楼东北角就有呼和浩特最大的清真寺(现保存完好,其周围已不是原样)和老字号饭庄及其他商业建筑,样式全部为中式古典建筑形制。由北门城楼向南便进入旧城的第一条主干道——大北街。街东侧的不远处有一座完全西式的古典建筑,远远望去十分高大醒目,是整个大北街的地标性建筑。这就是旧城最有名的第一百货商店。

大北街南向的第一个十字路口是大十字。十字路口向东有两条岔道,东边一条为大东街,多民居;南边一条为小东街,多老式临街商铺,并且还有一座老戏园子——大观园剧场。大观园剧场的建筑结构和北京天桥老戏园子的建筑结构非常相似,属于中式木构建筑风格,非常具有历史文化价值。早在20世纪50年代前后,这里的戏曲演出一直非常繁荣,出了不少地方名角。“文革”中,大观园被拆除。

大西街西口向西南有一条斜街叫“宁武巷”,这条街多民居宅院,且门楼院落保留得较为完整,最具特点的是院门为拱券式门洞,当地人惯称“圆关儿大门”。这是呼和浩特旧城民居院落建筑中最具特点的造型。这和北京胡同里的广亮大门、金柱大门或如意门、蛮子门完全不同,非常具有呼和浩特地方建筑特有的风格。这种样式的宅院大门,包括随墙门、小门楼等各式砖式门楼在旧城内随处可见。

大十字往南便是大南街。此条街的商铺中西建筑样式混杂、鳞次栉比,其中路东有一食品店,门脸儿类似于牌楼样式,虽有些残旧但非常别致,这在旧城各类商铺建筑中非常独特。大南街南端坐南朝北有一座小楼,西式砖混结构,楼的两侧分出两条街,东侧和小东街南口相汇,西侧顺南而下到小南街。在这条街上,除了中西式的商铺之外,在街的东侧有一中西合璧驰名塞外的老字号饭庄——麦香村,是以经营西北名食烧麦为特色的老饭庄。可以说,时至今日,麦香村烧麦的香味完全可以和北京前门大街烧麦老字号饭庄都一处媲美。饭庄建筑立面完全是西式砖混结构,而整个建筑的空间布局却是院落式的中式风格,这和老北京的晋阳饭庄非常有类似之处。可惜这座独具特色的建筑已永远地消失了,取而代之的是在另处择地盖起了一座麦香村酒楼,其建筑形制、尺度、比例关系都不合中国古代建筑的规制,一看便是假古董。

归化城的另一商业闹市在大召(无量寺)一带。明清以来,大召东西两侧及前面的街道两旁，市井繁华，店铺林立，销售的货物琳琅满目，五花八门，商贩的叫卖声与艺人们的锣鼓声此起彼伏，不绝于耳。各家商号还经常举办大型庆贺活动，唱戏敬神，庙会连台；届时，广场上人山人海，热闹非凡。历数百年变迁，如今大召一带的街市风韵犹存，这里是全市唯一保留旧貌的传统商业区，被誉为“明清一条街”。

后记

《内蒙古历史建筑丛书》是自治区住房和城乡建设厅为认真学习、宣传、贯彻习近平总书记考察内蒙古时的重要讲话精神，大力弘扬中华传统建筑文化的具体举措。在自治区建设、规划、文物、考古部门有关专家的通力协作下，编撰了这套五卷本的内蒙古历史建筑类丛书。

本丛书是编者通过广泛收集资料和调查考证，在掌握了大量信息资料的基础上，经过认真分析研究，系统整理，数易其稿后编撰而成。本丛书较全面地介绍了全区各地现存的革命遗址建筑、古遗址、古建筑、重大历史建筑、少数民族建筑及近现代以来的各种重要建筑，是内蒙古自治区有史以来的第一套图文并茂、内容广泛的历史建筑类丛书。

因该套丛书是一部专业性较强、涉及面较广、体量较大的丛书，在编撰本书的过程中，曾面临和经历了很多的困难和挑战，但是在各位编撰和编务人员的不懈努力下，最终完成了这项工作。

《内蒙古历史建筑丛书》是集体智慧的结晶，从开始编撰到出版期间，得到了内蒙古自治区文化局、内蒙古博物院、内蒙古自治区文物考古研究所、内蒙古自治区文物保护中心、内蒙古启原文物古建筑修缮工程有限责任公司、内蒙古工大建筑设计有限责任公司、呼和浩特市城乡规划设计研究院等单位大力支持，并提供了相关资料，特此表示感谢！

在此，也对中国建筑出版传媒有限公司的编辑和专家付出的辛勤劳动表示衷心的感谢！

这套丛书，尽管已经成书付印，但由于编撰时间紧，加之编者水平有限，书中难免有缺点和不足之处，敬请各位读者批评指正。

2020 年元月